山西省基础研究计划项目“带时滞热方程的输出跟踪问题研究”资助
（项目号 202303021212267）

带干扰和时滞的一维热方程的控制研究

王 丽 ◎ 著

Control Research for One-Dimensional Heat Equation with Disturbance and Time Delay

经济日报出版社
北 京

图书在版编目（CIP）数据

带干扰和时滞的一维热方程的控制研究 / 王丽著 .
北京：经济日报出版社，2024. 6

ISBN 978-7-5196-1470-6

Ⅰ. ①带… Ⅱ. ①王… Ⅲ. ①偏微分方程 Ⅳ.
①O175. 2

中国国家版本馆 CIP 数据核字（2024）第 052195 号

带干扰和时滞的一维热方程的控制研究

DAI GANRAO HE SHIZHI DE YIWEI REFANGCHENG DE KONGZHI YANJIU

王　丽　著

出　　版：经济日报出版社
地　　址：北京市西城区白纸坊东街 2 号院 6 号楼 710（邮编 100054）
经　　销：全国新华书店
印　　刷：北京建宏印刷有限公司
开　　本：710mm×1000mm　1/16
印　　张：10. 75
字　　数：180 千字
版　　次：2024 年 6 月第 1 版
印　　次：2024 年 6 月第 1 次印刷
定　　价：49. 00 元

本社网址：edpbook. com. cn，微信公众号：经济日报出版社

前　言

本书主要研究带有干扰和时滞的一维热方程的性能输出跟踪与反馈镇定问题。主要研究内容由以下两类问题组成：第一类重点讨论带有输入时滞和外部干扰的热方程的输出跟踪问题，其中干扰由有限维外系统生成。此类问题运用backstepping 变换和内模原理等方法解决。第二类重点讨论带有一般干扰的热方程—常微分方程（ODEs，Ordinary Diferential Equations）级联系统的反馈镇定问题。此类问题运用执行动态补偿和自抗扰控制等方法解决。全书主要分为 7 个章节：

第 1 章是绪论，主要介绍研究背景、国内外研究现状及主要研究结果。

第 2 章讨论带有外部干扰和输入时滞的一维热方程的输出跟踪问题，其中干扰由有限维外系统生成。本章讨论的问题中存在非同位情形：输出和输入非同位；输出和部分干扰非同位；输入和部分干扰非同位。由于输入时滞由一阶传输方程生成，那么带有输入时滞的热方程的输出跟踪问题可以转化为一阶传输方程—热方程级联系统的输出跟踪问题。这一变化使得偏微分方程（PDEs，Partial Diferential Equations）等数学工具在处理时滞问题时有用武之地。本章利用内模原理以及 backstepping 变换等方法解决 PDE-PDE 级联系统的输出跟踪问题。在使用 backstepping 变换时，运用算子形式完成控制器的设计，这是本章的一大亮点。由于干扰由有限维外系统生成，因此可以利用内模原理进行估计/消除。对于非同位带来的问题，可以通过两次轨迹规划解决。

第 3 章讨论带有输入时滞和外部干扰的边界不稳定热方程的输出跟踪问题，其中干扰由外系统生成。第 2 章研究的热系统中，边界条件是热流边界条件，也就是 Neumann 边界条件。当系统不含干扰时，该系统中热量在表面各点的流速为零，是相对理想化的物理模型。而第 3 章研究具有对流换热边界条件的热系统，该系统是工程控制中更为普遍存在的系统。系统中对流换热系数的数值与换热过程中系统的物理性质有很大的关系，边界对流换热项在特殊情况下会造成系统不稳定。本章首先将输入时滞问题转化为 PDE-PDE 级联系统的输出跟踪问题，然后通过构造合适的辅助系统将非同位问题转变成同位问题，同时输出跟踪问题转变成镇定问题，最后利用 backstepping 变换设计控制器镇定变换以后的系统，利用相差可逆变换的系统之间的等价性实现系统的输出跟踪。在处理干扰造成的问题时，由于干扰的动态结构已知，仍然利用内模原理进行估计/消除。

第 4 章研究带有输入时滞和外部干扰的反应扩散方程的输出跟踪问题，其中干扰由外系统生成。反应扩散方程在近代科学中广泛描述物理、化学和生物等领域的各种现象。本章将输入时滞动态表示为一阶双曲方程，那么所研究的控制系统就变成双曲方程—抛物方程的级联系统。运用轨迹规划的方法解决非同位结构造成的问题。运用内模原理成功估计出系统的状态和外部干扰，先根据估计/消除策略将干扰抵消，然后设计全状态反馈实现系统的输出跟踪，最后设计基于误差的观测器。结论表明，所得闭环系统指数稳定。

第 5 章研究带有干扰的 ODE-热方程级联系统的输出反馈镇定问题，其中干扰和控制都在系统的右端。与第 2、第 3、第 4 章不同，本章研究的问题中，干扰是一般的干扰，而不是由外系统生成的，这样干扰的信息几乎是完全未知的，内模原理不再适用。因此采取自抗扰控制方法针对原系统设计干扰估计器来估计干扰，然后通过未知型输入观测器估计系统状态。本章未知输入观测器的设计没有使用高增益，并且简化现有结果的设计步骤。另外，在设计控制器时，引入执行动态补偿方法，这是本章的一大亮点。执行动态补偿方法涉及的核函数是常微分方程，这种常微分方程总是解析可解的，使得控制器的设计更为简便。

第 6 章研究通过 Dirichlet 边界连接的 ODE-反应扩散方程级联系统的镇定问题。ODE-反应扩散方程级联系统的镇定问题可以看作是带有反应扩散执行动态的常微分方程的补偿问题。为了更深刻地理解并运用执行动态补偿方法，本章利用执行动态补偿方法设计控制器指数镇定级联系统。这种方法与传统的 backstepping 变换最大的不同点在于控制器设计过程不依赖目标系统的选择且得到的核函数是常微分方程，这个常微分方程总是解析可解的。在证明闭环系统指数稳定性时，该方法摆脱 Lyapunov 函数的构造，使得证明过程更加简单。

第 7 章总结全书，并在本书所讨论内容的基础上对后续研究进行说明。

本书是作者多年研究工作及成果的汇总，同时包含对未来研究方向的展望。本书有幸获得山西省基础研究计划项目的资助，山西大学冯红银萍教授团队为本书的正式出版给予了很大的支持，谨表示衷心感谢。

王　丽

2024 年 6 月

目 录

第 1 章　绪论 …… 1

1.1　研究背景 …… 4

1.2　研究内容和主要结果 …… 11

1.3　预备知识 …… 16

第 2 章　带有时滞的一维热方程的性能输出跟踪 …… 25

2.1　研究背景与问题描述 …… 27

2.2　状态反馈 …… 33

2.3　观测器 …… 44

2.4　本章小结 …… 53

第 3 章　带有时滞和边界干扰的不稳定热方程的性能输出跟踪 …… 55

3.1　研究背景与问题描述 …… 57

3.2　状态反馈 …… 61

3.3　观测器 …… 71

3.4 本章小结 …… 79

第 4 章 带有时滞和非同位干扰的反应扩散方程的性能输出跟踪 …… 81

4.1 研究背景与问题描述 …… 83
4.2 状态反馈 …… 86
4.3 观测器设计 …… 96
4.4 数值仿真 …… 110
4.5 本章小结 …… 111

第 5 章 带有热执行动态和边界干扰的 ODE 系统的输出反馈镇定 …… 113

5.1 研究背景与问题描述 …… 115
5.2 未知型输入状态观测器设计 …… 117
5.3 反馈控制器设计 …… 126
5.4 数值仿真 …… 131
5.5 本章小结 …… 133

第 6 章 带有反应扩散执行动态的 ODE 系统的指数镇定 …… 135

6.1 研究背景与问题描述 …… 137
6.2 控制器设计与闭环系统 …… 138
6.3 主要结果的证明 …… 141
6.4 本章小结 …… 143

第 7 章 总结与展望 …… 145

7.1 总结 …… 147
7.2 展望 …… 148

参考文献 …… 150

符号说明

$\forall$	任意的
$\in$	属于
$\emptyset$	空集
$\mathbb{R}$，$\mathbb{C}$，$\mathbb{N}$	实数集合，复数集合，自然数集合
$\mathbb{C}_{\alpha}$	$\{s \in \mathbb{C} \mid \mathrm{Re}s > \alpha\}$，$\alpha \in \mathbb{R}$
$\mathbb{R}^{N}$，$\mathbb{C}^{n}$	n-维实，复 Euclidean 空间
$\|\cdot\|_{X}$	Hilbert 空间 X 的范数
A^{T}	矩阵 A 的转置
$\det(A)$	矩阵 A 的行列式
B^{-1}	算子 B 的逆算子
$\rho(B)$	算子 B 的预解集
$\sigma(B)$	算子 B 的谱集
$\mathcal{R}(\lambda, B)$	算子 B 的预解算子
$D(B)$	算子 B 的定义域
$\mathrm{Ker}(B)$	算子 B 的核
I	相应空间上的恒等算子
$U(t)$ 或 $u(t)$	系统输入
$y(t)$	系统输出
$\sum_{o}(A, C)$ 或写为 (A, C)	观测系统 $\dot{x}(t) = Ax(t)$，$y(t) = Cx(t)$
$\sum_{c}(A, B)$ 或写为 (A, B)	控制系统 $\dot{x}(t) = Ax(t) + Bu(t)$
$\mathcal{L}(W, V)$	空间 W 到空间 V 的连续线性算子空间
$L^{2}(a, b)$	区间 (a, b) 上平方可积函数集合

$L^2_{\text{loc}}(\Omega)$	在 Ω 上可测且在 Ω 的局部上平方可积的函数空间
$C(\Omega)$	在 Ω 上的连续函数空间
$H^1(a,b)$	区间 (a, b) 上绝对连续函数集合
$C(W;V)$	所有从集合 W 到 V 的连续函数集合

第 1 章
绪　论

第二次世界大战期间，由于对武器进化的需求，需要控制系统具有准确跟踪和补偿的能力，这一需求推动了控制理论的研究和蓬勃发展。1948 年，美国数学家维纳出版著作[1]，并在书中首次提出著名的控制论，标志着控制论的正式诞生。维纳把控制论引起的自动化与第二次产业革命联系起来并在书中论述控制理论的一般方法，推广反馈的概念[1]。20 世纪 50 年代，我国科学家钱学森首次在工程中实现维纳的思想，并于 1954 年出版经典名作[2]。1940—1960 年为古典控制理论时期，这一时期主要研究单输入单输出（SISO，Single Input Single Output）系统。古典控制理论时期主要利用传递函数研究系统相应特性。以 1960 年举行的第一次国际自动联合会为起点，成功开启现代控制理论时期(1960—1980)，这一时期通过引入状态空间，控制理论得到很大发展。早期从事控制理论研究的著名学者有 Lions J L、Wang P K C、宋健、于景元、王康宁等。他们所研究的控制问题[3]-[9] 使得控制理论得到广泛的研究、应用和发展。

分布参数系统控制[7] 的研究对象是指状态空间的维数是无穷的系统[10]，因此分布参数系统通常也称为无穷维系统[11]。从微分方程的角度来看，无穷维系统的主要研究对象是偏微分方程。由于我们所处的物质世界主要由偏微分方程描述[10]，因此分布参数控制系统的研究具有丰富的实际意义。

法国著名数学家让·巴普蒂斯·约瑟夫·傅里叶在著作[12] 中写道："没有一门学科和工业的发展以及自然科学有更广泛的联系；因为热的作用总是存在的，它渗透到所有的物体和空间，它影响着科学的进程，并发生在所有的宇宙现象中。”本书的主要研究内容是带有输入时滞和边界干扰的热方程的输出跟踪问题以及边界带有干扰的ODE-热方程级联系统的镇定问题。

1.1 研究背景

事物的发展会出现延迟现象，信号的传递也会出现滞后。时滞现象在实际生产生活中普遍存在且无法避免，通常在建模各种复杂的物理系统时会出现时滞，如生产系统[13]、液压驱动系统[14]、钻井系统[15]等。另外，时滞的出现容易引起超调现象和系统的周期震荡[16]。因此，对时滞进行系统的研究非常重要。1959年，Smith预估器[17]的提出极大地促进了有限维时滞系统的发展。此后有限维时滞系统得到广泛的研究，PID（Proportional Integral Derivative）控制器连接Smith预估器应用于时滞补偿环节[18]。相对于有限维时滞系统的研究结果而言，无穷维时滞系统的研究仍然是一个挑战，相关结果还相对较少。无穷维时滞控制系统是控制问题中的著名难题，1986年由国际控制论学者Fleming W H C编写的《控制理论的未来方向》[19]一书中多次提到“输出含有时间延迟的输出反馈问题和输入时滞问题”[10]。事实上，如果原系统在虚轴上有无穷多个极点，那么任何线性反馈控制都对时间延迟不具有鲁棒性[10,20]。这也就是说，反馈中任意小的时滞都会破坏系统的稳定性[21]。那么，系统中含有时间延迟如何设计控制器达到控制目标呢？下面将具体介绍近年来关于控制问题中对时滞问题的研究。

2008年，文献[22]将backstepping方法运用到输入时滞补偿问题。文中讨论一类双曲型PDEs的边界反馈镇定。这类方程可以作为交通流和化学反应器等现象的模型。文中运用backstepping方法设计控制器，并利用积分变换和边界反馈将不稳定PDE转化为有限时间内收敛于零的时滞线系统。文章还将此方法应用于具有执行器和传感器延迟的有限维系统，用来补偿无限维控制器。同时还证明所提出的方法可以用于一类Korteweg-de Vries三阶PDE系统的边界控制。相应的具有执行器时滞的有限维系统如下：

$$\dot{X}=AX+BU(t-D), \tag{1.1}$$

其中 $X\in\mathbb{R}^n$，输入信号 $U(t)$ 延迟 D 个单位时间。具有传感器时滞的有限维系统如下：

$$\begin{cases}\dot{X}=AX,\\ Y(t)=CX(t-D),\end{cases} \tag{1.2}$$

其中 X，$Y\in\mathbb{R}^n$。

作为 ODE 时滞补偿结果的推广，2009 年文献[23] 将 backstepping 方法从有穷维系统推广到无穷维系统。文中讨论具有任意长时滞的反应扩散方程的控制器设计和稳定性分析，该系统具有任意数目的不稳定特征值且输入算子是无界的。基于预测器的反馈设计运用无穷维 backstepping 方法。文中讨论的问题在进行稳定性分析时会出现 ODE 系统中没有的特殊情况。输入算子无界性要求执行器状态的稳定性在 H^1 范数意义下考虑（不是通常的 L^2 范数）。问题的稳定性分析中涉及抛物型和一阶双曲型级联偏微分方程。相应的带有时滞的反应扩散方程系统如下：

$$\begin{cases}u_t(x,t)=u_{xx}(x,t)+\lambda u(x,t),\\ u(0,t)=0,\ u(1,t)=U(t-D),\end{cases} \tag{1.3}$$

其中 u 是状态，$U(t)$ 是输入，D 是已知的任意常数时滞。

2009 年，文献[24] 讨论分布驱动意义下一类具有任意输入时滞的不稳定反应扩散方程的控制设计问题。文献通过引入传输方程，得到反应扩散方程和传输方程的级联系统。基于预测反馈的概念，引入 backstepping 变换，将原级联系统转化为稳定的目标系统。通过分布式域内驱动补偿时滞的预测控制实现系统的输出反馈镇定。对于时滞补偿反馈的级联系统，由于核函数的独特性，在最终实现 H^1 范数意义下的指数稳定之前，需证明原系统与目标系统之间的范数等价性。相应的具有时滞的反应扩散系统如下：

$$\begin{cases} u_t(x,t)=u_{xx}(x,t)+\lambda u(x,t)+U(x,t-D), \\ u(0,t)=0,\ u(1,t)=0, \end{cases} \tag{1.4}$$

其中 u 代表反应扩散方程的系统状态，U 代表控制，$D\in\mathbb{R}^+$代表时滞。

2009 年，文献[25] 中考虑具有边界控制和观测时滞的 Euler-Bernoulli 梁方程，提出基于观测器—预测器的方法镇定系统。在观测时间内，状态由观测器跟踪估计；由于时滞而观测不可用时，状态由预测器估计。将这样两次得到的估计应用于比例反馈，结果表明，当初始值光滑时，闭环系统的状态呈指数衰减。相应的具有边界控制和时滞观测的 Euler-Bernoulli 梁方程表示如下：

$$\begin{cases} w_{tt}(x,t)=w_{xxxx}(x,t)=0, & 0<x<1,\ t>0, \\ w(0,t)=w_x(0,t)=w_{xx}(1,t)=0, & t\geqslant 0, \\ w_{xxx}(1,t)=u(t), & t\geqslant 0, \\ y(t)=w_t(1,t-\tau), & t\geqslant \tau, \\ w(x,0)=w_0(x),\ w_t(x,0)=w_1(x), & 0\leqslant x\leqslant 1, \end{cases} \tag{1.5}$$

其中 u 是控制（或输入），(w_0, w_1) 是初始状态，$\tau>0$ 是已知常数时滞，y 是带有时滞的观测（或输出）。

2012 年，文献[26] 中讨论边界观测具有任意长时滞的一维波方程的边界输出反馈镇定问题。文献中使用观测器和预测器的方法解决时滞问题：在观测可用的时间区域内使用观测器估计系统状态；在观测不可用的时间区域内用预测器预测系统状态。结果表明：当初始状态不光滑时，基于估计器/预测器的状态反馈使得时滞系统渐近稳定；当初始状态光滑时，基于估计器/预测器的状态反馈使得时滞系统指数稳定。文献通过数值仿真说明控制器的有效性。相应的边界观测带有任意长时滞的一维波方程表示如下：

$$
\begin{cases}
w_{tt}(x,t)-w_{xx}(x,t)=0, & 0<x<1,\ t>0,\\
w(0,t)=0, & t\geqslant 0,\\
w_x(1,t)=u(t), & t\geqslant 0,\\
w(x,0)=w_0(x),\ w_t(x,0)=w_1(x), & 0\leqslant x\leqslant 1,\\
y(t)=w_t(1,t-\tau), & t\geqslant \tau,
\end{cases}
\tag{1.6}
$$

其中 u 是控制（或输入），(w_0, w_1) 是未知的初始状态，$\tau>0$ 是给定的任意常数时滞，y 是观测（或输出）。

2020 年，文献[27] 中讨论一类对角无穷维边界控制系统的边界反馈镇定问题。在所研究的系统中，边界控制输入具有常数时滞，同时开环系统具有有限的不稳定模态。文献中利用有限维谱截断技术补偿系统的输入时滞，控制设计策略包括两个主要步骤：首先，通过模态分解对原无穷维系统进行截断得到有限维子系统，其次，由于有限维子系统包括无穷维系统的不稳定部分，因此利用 Artstein 变换设计有限维时滞控制器。文献通过选取合适的 Lyapunov 函数证明：(1) 有限维时滞控制器成功地镇定原无穷维系统；(2) 闭环系统对于分布干扰具有指数输入—状态稳定性。最后，利用得到的输入—状态稳定性得出保证无穷维系统和 ODE 级联系统的稳定条件。相应的无穷维边界控制系统表示如下：

$$
\begin{cases}
\dfrac{dX}{dt}(t)=\mathcal{A}X(t)+d(t), & t\geqslant 0,\\
\mathcal{B}X(t)=u(t-D), & t\geqslant 0,\\
X(0)=X_0,
\end{cases}
\tag{1.7}
$$

其中$\mathcal{A}$: $D(\mathcal{A})\subset\mathcal{H}\to\mathcal{H}$是线性（无界）算子，$\mathcal{B}$: $D(\mathcal{B})\subset\mathcal{H}\to\mathbb{K}^m$ 是线性有界算子，$D(\mathcal{A})\subset D(\mathcal{B})$，$d$: $\mathbb{R}^+\to\mathcal{H}$代表分布式干扰，$u$: $[-D, +\infty)\to\mathbb{K}^m$ 是控制输入，D 代表常数时滞。

2006 年，文献[28] 中提出时滞动态可以由传输方程描述，对于如下描述的系统：

$$\begin{cases} \ddot{w}(x,t)-w_{xx}(x,t)=0, & t>0,\ x\in(0,1), \\ w(0,t)=0, & t>0, \\ w_x(1,t)=-k\mu\dot{w}(1,t)-k(1-\mu)\dot{w}(1,t-\tau), & t\geqslant 0, \\ w(x,0)=w_0(x),\ \dot{w}(x,0)=w_1(x), & x\in(0,1), \\ \dot{w}(1,t-\tau)=f(t-\tau), & t\in(0,\tau), \end{cases} \tag{1.8}$$

如果令

$$z(x,t)=\dot{w}(1,t-x\tau),\ x\in(0,1), \tag{1.9}$$

那么系统（1.8）等价于如下系统

$$\begin{cases} \ddot{w}(x,t)-w_{xx}(x,t)=0, & t>0,\ x\in(0,1), \\ \tau\dot{z}(x,t)+z_x(x,t)=0, & t>0,\ x\in(0,1), \\ w(0,t)=0, & t>0, \\ z(0,t)=\dot{w}(1,t), & t>0, \\ w_x(1,t)=-k\mu\dot{w}(1,t)-k(1-\mu)z(1,t), & t\geqslant 0, \\ w(x,0)=w_0(x),\ \dot{w}(x,0)=w_1(x), & x\in(0,1), \\ z(x,0)=f(-x\tau), & x\in(0,1). \end{cases} \tag{1.10}$$

文献[28] 通过引入变换（1.9），含有输入时滞（或输出时滞）的无穷维系统可以由 PDE-PDE 级联系统来描述，这样研究时滞问题就转化成研究级联系统的问题。

级联系统中的各子系统之间具有联动效应，各子系统相互影响。级联系统在生活以及工程实践中都有重要的作用，如航天器—运载火箭级联系统[29]、摩托车人—机刚柔级联系统动态特性研究[30]、卫星姿态与轨迹级联[31]、车辆—轨道级联[32]、电磁级联[33]、机械级联[34] 以及各类级联化学反应[35] 等。在工程实践中存在诸多不确定因素，控制系统经常会出现偏差。因此，对带有干扰的级联系统的研究就显得尤为重要。电磁级联[33]、机械级联[34]以及级联化学反应[35]等问题都可以建模为 ODE-PDE 级联系统。ODE-PDE 级联系统的控制问题可以看作带有执行动态的 ODE 系统的控制问题，其中执行动态是 PDE 系统[36]。

偏微分方程执行动态补偿问题的研究始于 Smith O 预估[17]以及它的改进[37,38]。文献[22]运用 PDE backstepping 方法解决输入时滞补偿问题。然后，运用 PDE backstepping 方法解决各类执行动态补偿问题，包括热方程动态[39,40,41]、波方程动态[33,42]以及薛定谔方程动态[34]。由此可见，PDE backstepping 方法是一种很强大的方法。但是，PDE backstepping 方法很大程度上依赖目标系统的选择，而目标系统的选择往往依靠直觉而不是理论[43]。这意味着 PDE backstepping 方法有一定的局限性，不合适的目标系统将导致 backstepping 方法不适用。尽管目标系统的选择在一些情况下是比较自然的[22,39,42]，但它缺乏严格的分析。换句话说，PDE backstepping 方法缺乏充分条件来确保它的顺利实施。Backstepping 方法产生的核函数通常由 PDE 生成，这就使得该方法在处理问题时存在较难克服的困难。此外，利用 backstepping 方法最后得到的闭环系统必须通过构造 Lyapunov 函数进行稳定性分析，这在处理带有时滞的 PDE 时会遇到很大的困难。

文献[44]中指出，backstepping 方法仅适用于带有特殊边界的 Euler-Bernoulli 梁方程。2021 年，文献[45]中提出利用执行动态补偿方法解决 Euler-Bernoulli 梁执行动态问题。与传统的 backstepping 方法[22]不同，文献[45]中所提方法得到的核函数满足 ODE 系统，而且该 ODE 系统是解析可解的。相应的 Euler-Bernoulli 梁执行动态补偿问题描述如下：

$$\begin{cases}\dot{X}(t)=AX(t)+B(w_x(0,t),w(0,t)),\\ w_{tt}(x,t)+w_{xxxx}(x,t)=0,\\ w_{xxx}(0,t)=0,\\ w_{xx}(0,t)=0,\\ w_{xx}(1,t)=u_1(t),\\ w_{xxx}(1,t)=u_2(t),\end{cases}\tag{1.11}$$

其中 $x\in(0,1)$，$t>0$，$A\in\mathbb{R}^{n\times n}$，$u_1$ 和 u_2 是整个系统的控制输入，$B=[B_1,B_2]\in\mathbb{R}^{n\times 2}$ 代表系统之间的联结。

文献[45] 中没有考虑边界具有不确定干扰的情况。从控制理论的发展历程来看，从 1980 年开始，控制理论发展进入后现代理论控制时期。这一时期研究的系统更加复杂，比如不确定的系统。在实际的工业控制应用中，由于建模的不确定性和环境干扰，经常会出现不确定的干扰。当干扰的动态结构已知时，可以充分利用干扰的动态信息来补偿干扰。内模原理是典型的利用干扰动态信息的控制方法之一。从 20 世纪 70 年代开始，内模原理用作有限维系统的调节器设计[46,47]。随后内模原理被很多研究者广泛研究，这种方法已应用于非线性集中参数系统[48] 和分布参数系统[49,50]。在分布参数系统的研究中，控制和观测算子的无界性增加求解相关 Sylvester 方程的难度。文献[51] 通过无界控制和观测算子将内模原理系统地推广到无穷维系统，但动态跟踪误差反馈控制中与干扰相关的算子和输入算子仍然是有界的。文献[52] 中讨论输出算子无界的情况，但由于输出算子的无界性，输出收敛限制为弱收敛[53]。

自抗扰控制可以应用于带有干扰的 PDE 系统[54,55,56,57,58,59]，也可以应用于带有干扰的 ODE-热方程级联系统[60]，ODE-波级联系统[61] 和 ODE-双曲方程级联系统[62]。文献[60,61,62] 中观测器的设计需要高增益或者要求干扰的导数是有界的，这些要求在实际工程应用中实现相对比较困难。为克服上述限制，文献[63] 针对带有干扰的一维反稳定波方程提出无穷维干扰估计器，代替扩张状态观测器（ESO，Expansion State Observer）。利用这一方法，作者继续讨论带有干扰的一维反稳定热方程的输出反馈稳定性问题[64]。受文献[63,64] 的启发，带有与边界控制同位干扰的其他类型 PDE 被许多研究者进行深入研究，如文献[65,66,67,68]。

分布参数系统控制中解决干扰的方法除上文提到的内模原理和自抗扰控制以外，还有滑模控制[41]、鲁棒控制[69]以及自适应控制[70]等技术。

以上这些已有的技术、方法以及应用背景为本书研究带有干扰和时滞的一维热方程的输出跟踪和反馈镇定提供强大的理论基础和研究背景。

1.2 研究内容和主要结果

本书主要研究带有干扰和时滞的一维热方程的控制问题。本书第 1 章是绪论，首先介绍分布参数系统控制的背景及与本书研究内容相关的研究现状和相关成果。其次概述本书的研究内容和主要结果。最后给出预备知识，主要介绍一些基本概念。本书主要由两部分组成：第一部分主要研究带有干扰和输入时滞的热方程的输出跟踪问题，将在本书的第 2、第 3、第 4 章中进行具体讨论；第二部分主要研究带有一般干扰的 ODE-热方程的反馈镇定问题，将在本书的第 5、第 6 章中进行具体讨论。

2020 年，文献[71]讨论一类热方程的输出跟踪问题，其中所有可能的干扰和系统的不确定性由外系统生成，并且性能输出与控制非同位。文献[71]的目标是：第一，将内模原理应用到偏微分方程的输出跟踪问题；第二，为偏微分方程设计鲁棒跟踪误差反馈控制。为实现这两个目标，首先选取具有特定干扰冻结系数的特殊情况。基于冻结系统，作者通过求解调节方程和跟踪误差的无限维扩展状态观测器设计前馈控制，该状态观测器同时给出冻结系统和外系统的状态估计。最后给出基于观测器的冻结系统跟踪误差反馈控制方法。相应的热方程输出跟踪问题具体描述如下：

$$
\begin{cases}
w_t(x,t)=w_{xx}(x,t)+F(x)p(t)+\Delta(x)w(x,t), x\in(0,1), t>0,\\
w_x(0,t)=Np(t), & t\geqslant 0,\\
w_x(1,t)=u(t)+Dp(t), & t\geqslant 0,\\
w(x,0)=w_0(x), & 0\leqslant x\leqslant 1, t\geqslant 0,\\
y_c(t)=w(0,t), & t\geqslant 0,
\end{cases}
\tag{1.12}
$$

其中实函数 $\Delta\in C^1[0,1]$ 代表系统的不确定性，$F(x)\in\mathbb{C}^{1\times n}$，$N\in\mathbb{C}^{1\times n}$，$D\in\mathbb{C}^{1\times n}$ 是边界干扰的未知系数，$u(t)$ 是控制，$w_0(x)$ 是初始状态，$y_c(t)$ 是性能输出。相应的有限维外系统具体描述如下：

$$
\begin{cases}
\dot{p}(t)=Gp(t), \quad t>0,\\
p(0)=p_0,
\end{cases}
\tag{1.13}
$$

其中 p 未知，$p\in\mathbb{C}^{n\times 1}$。矩阵 $G\in\mathbb{C}^{n\times n}$ 已知，初值 p_0 未知。

实际问题中，时滞是不可避免会产生的一种常见现象。因此基于文献[71]中讨论的问题（1.12），本书第 2 章讨论带有输入时滞的热方程的输出跟踪问题，时滞的出现使得输出跟踪问题变得更加复杂。带有输入时滞的热方程的输出跟踪问题描述如下：

$$
\begin{cases}
w_t(x,t)=w_{xx}(x,t), & 0<x<1, t>0,\\
w_x(0,t)=d_1(t), & t\geqslant 0,\\
w_x(1,t)=U(t-\tau)+d_2(t), & t\geqslant 0,\\
y_p(t)=w(0,t), & t\geqslant 0,
\end{cases}
\tag{1.14}
$$

其中 w 是状态，y_p 是性能输出，d_i，$i=1, 2$ 是外部干扰，$\tau>0$ 是常数，U 是控制输入。在系统（1.14）中，控制器 U 延迟 τ 个单位时间，0 端和 1 端都含有干扰且存在非同位结构：输出 y_p 和干扰 d_2 非同位，控制 U 和干扰 d_1 非同位。在输出跟踪问题中，干扰 $d_i(t)$，$i=1, 2$ 和参考信号 $y_{ref}(t)$ 由以下有限维外系统生成：

$$
\begin{cases}
\dot{v}(t)=Gv(t), & t\geqslant 0,\\
d_i(t)=Q_iv(t), & t\geqslant 0,\ i=1,2,\\
y_{ref}(t)=Fv(t), & t\geqslant 0,
\end{cases}
\tag{1.15}
$$

其中 $G\in\mathbb{C}^{n\times n}$，$F\in\mathbb{C}^{1\times n}$ 和 $Q_i\in\mathbb{C}^{1\times n}$，$i=1, 2$ 是已知的。由于外系统（1.15）的初始状态 $v(0)$ 是未知的，那么显然干扰 d_i 和参考信号 y_{ref} 是未知的。本章的目标是：设计反馈控制 u 使得

$$
w(0,t)\to y_{ref}(t),\quad t\to\infty.
\tag{1.16}
$$

这部分研究内容已发表[72]。

在接下来第3章讨论具有外部干扰和输入时滞的边界不稳定热系统的输出跟踪问题，其中热方程带有 Neumann 边界条件。在第2章的基础上，边界对流换热项的出现使得输出跟踪问题的难点不仅是时滞，还需要将对流换热项进行有效处理。带有对流换热边界条件的热系统的输出跟踪问题具体描述如下：

$$
\begin{cases}
w_t(x,t)=w_{xx}(x,t), & 0<x<1,\ t>0,\\
w_x(0,t)=-qw(0,t)+d_1(t), & t\geqslant 0,\\
w_x(1,t)=u(t-\tau)+d_2(t), & t\geqslant 0,\\
y_p(t)=w(0,t), & t\geqslant 0,
\end{cases}
\tag{1.17}
$$

其中 $q\in\mathbb{R}^n$，w 是热系统的状态，$d_i(t)$，$i=1, 2$ 是干扰，y_p 是性能输出，u 是控制输入，$\tau>0$ 代表时滞。本章的目标是设计反馈控制使得

$$
w(0,t)\to y_{ref}(t),\quad t\to\infty.
\tag{1.18}
$$

参考信号 y_{ref} 和干扰 d_i 由有限维外系统（1.15）生成。

这部分研究内容尚未发表。

在第4章中，讨论具有输入时滞和非同位干扰的反应扩散系统的输出跟踪问题。相比较前两章，这一章的难点在于反应扩散方程含有内部不稳定源项。

研究问题可以具体描述如下：

$$\begin{cases} w_t(x,t)=w_{xx}(x,t)+\lambda w(x,t), & 0<x<1,\ t>0, \\ w_x(0,t)=d(t), & t\geqslant 0, \\ w_x(1,t)=u(t-\tau), & t\geqslant 0, \\ y_p(t)=w(0,t), & t\geqslant 0, \end{cases} \tag{1.19}$$

其中 $\lambda>0$，$\tau>0$ 是常数，w 是系统状态，d 是干扰，y_p 是性能输出，u 是控制输入，τ 代表时滞。参考信号 y_{ref} 和干扰 d 由有限维外系统生成：

$$\begin{cases} \dot{v}(t)=Gv(t), & t\geqslant 0, \\ d(t)=Qv(t), & t\geqslant 0, \\ y_{ref}(t)=Fv(t), & t\geqslant 0, \end{cases} \tag{1.20}$$

其中 $G\in\mathbb{C}^{n\times n}$，$F\in\mathbb{C}^{1\times n}$ 和 $Q\in\mathbb{C}^{1\times n}$ 是已知矩阵，初始状态 $v(0)$ 未知。本章的目标是：设计反馈控制 u 使得

$$w(0,t)\to y_{ref}(t), \quad t\to\infty. \tag{1.21}$$

这部分研究内容已发表[73]。

由于时滞系统可以动态描述为一阶传输方程[28]，所以含有输入时滞的热系统可以表示为一阶传输方程—热方程的级联系统。在第 2、第 3、第 4 章中，由于假设的干扰由有限维外系统生成，所以可以通过内模原理实现干扰的估计与补偿。第 2、第 3、第 4 章中控制器的设计采用 backstepping 方法。backstepping 方法强烈依赖于目标系统的选取且相关核函数由 PDE 生成，相对来说比较复杂。因此在第 5 章中，考虑带有边界干扰的 ODE-热方程级联系统的输出反馈镇定问题，也就是带有热执行动态和边界干扰的 ODE 系统的输出反馈镇定问题。与第 2、第 3、第 4 章不同的是，本章研究问题中的干扰不是由外系统生成的，是一般形式的干扰。这一变化使得内模原理不再适用，因此本章运用自抗扰控制方法对干扰进行估计/消除。不同于前三章控制器设计所运用的 backstepping变换，本章采用执行动态补偿方法设计控制器镇定ODE-热方程级联系统。带有热执行动态和边界干扰的ODE系统具体描述如下：

$$\begin{cases}\dot{X}_w(t)=AX_w(t)+Bw(0,t), & t>0,\\ w_t(x,t)=w_{xx}(x,t), & 0<x<1,\ t>0,\\ w_x(0,t)=cw(0,t), & t\geq 0,\\ w_x(1,t)=d(t)+u(t), & t\geq 0,\\ y_{out}(t)=\{CX_w(t),w(1,t)\}, & t\geq 0,\end{cases}\tag{1.22}$$

其中$X_w\in\mathbb{R}^n$是ODE系统的状态，$w\in L^2(0,1)$是PDE系统的状态，$A\in\mathbb{R}^{n\times m}$，$B\in\mathbb{R}^n$，$C\in\mathbb{R}^{1\times n}$，$c>0$是常数，$u(t)$是控制输入，$y_{out}(t)$是测量输出，$d(t)$是干扰。本章的目的是：设计控制器$u$镇定系统（1.22）。

这部分研究内容基于已投稿文章见文献[74]。

在第6章中，为了更深刻地理解并运用执行动态补偿方法，本章采用执行动态补偿方法研究通过Dirichlet边界连接的ODE-反应扩散级联系统的镇定问题，具体问题描述如下：

$$\begin{cases}\dot{X}_w(t)=AX_w(t)+Bw(0,t), & t>0,\\ w_t(x,t)=w_{xx}(x,t)+\mu w(x,t), & 0<x<1,\ t>0,\\ w_x(0,t)=0, & t\geq 0,\\ w_x(1,t)=u(t), & t\geq 0,\end{cases}\tag{1.23}$$

其中$u(t)$是输入（控制），$X_w\in\mathbb{R}^n$和$w\in L^2(0,1)$分别是X_w-子系统和w-子系统的状态，$A\in\mathbb{R}^{n\times n}$，$B\in\mathbb{R}^n$，$C\in\mathbb{R}^{1\times n}$是矩阵，$\mu<0$是常数。本章的目的是：设计控制器$u$镇定系统（1.23）。

这部分研究内容基于已投稿文章见文献[75]。

最后第7章总结全文，并在本文所讨论内容的基础上对后续研究进行说明。

1.3 预备知识

1.3.1 C_0-半群

C_0-半群理论是研究分布参数控制系统的主要方法之一。主要研究对象是 Banach 空间 X 中的线性发展方程：

$$\dot{x}(t)=Ax(t),\ x(0)=x_0\in X, \tag{1.24}$$

其中 A：$D(A)(\subset X)\to X$ 是线性算子。当 $X=\mathbb{R}^n$ 时，A 是矩阵，对任意初值 $x_0\in X$，方程（1.24）存在唯一的连续依赖于初值 x_0 的解

$$x(t)=e^{At}x_0\in C([0,\infty);X). \tag{1.25}$$

于是系统（1.24）的解 $x(t)=e^{At}x_0$ 对应一个单参数强连续有界线性算子族 e^{At}。下面给出与本书相关的一些知识，具体证明参见文献[76,77,78,79]。

（一）定义和性质

定义 1.1 [79]设 X 为 *Banach* 空间，单参数强连续有界线性算子族 $T(t)$：$X\to X$（$t\geqslant 0$）称为 X 上的强连续半群，简称为 C_0-半群，如果对任意的 $t\geqslant 0$，$T(t)$ 满足

$T(0)=I$（I 是 X 上的恒同算子）；

$T(t+s)=T(t)T(s)$，$\forall t,s\geqslant 0$（半群性质）；

$\lim\limits_{t\to 0^+}\|T(t)x-x\|_X=0$（强连续性）。

定义 1.2 [79]设 $T(t)$ 为 *Banach* 空间 X 上的 C_0-半群。

$T(t)$ 称为一致连续半群，如果 $T(t)$ 以算子范数连续；

$T(t)$ 称为可微半群，如果对任意的 $x\in X$，$T(t)x$ 关于 $t>0$ 是可微的；

$T(t)$ 称为紧半群，如果对于任意的 $t>0$，$T(t)$ 是 X 上的紧算子；

$T(t)$ 称为解析半群，如果对于任意的 $x\in X$，$T(t)x$ 关于 $t>0$ 解析。

定义 1.3 [79]设 $T(t)$ 为 *Banach* 空间 X 上的 C_0-半群。定义 C_0-半群 $T(t)$ 的（无穷小）生成元 A 为

$$\begin{cases} Ax=\lim\limits_{t\to 0^+}\dfrac{T(t)x-x}{t}, \quad \forall x\in D(A), \\ D(A)=\left\{x\in X \,\middle|\, \lim\limits_{t\to 0^+}\dfrac{T(T)x-x}{t}\text{存在}\right\}. \end{cases} \tag{1.26}$$

此时，半群 $T(t)$ 也称为由算子 A 生成的 C_0-半群，记为 $T(t)=e^{At}$。

定理 1.4 [79]如果算子 A 是 *Banach* 空间 X 上的 C_0-半群 $T(t)$ 的生成元，那么，

对任意的 $w>0$，存在 $M_\varepsilon>0$，使得

$$\|T(t)\|\leqslant M_\varepsilon e^{(w(A)+\varepsilon)t}, \quad \forall t\in[0, \infty); \tag{1.27}$$

对任意的 $x\in D(A)$ 和 $t\geqslant 0$，有 $T(t)x\in D(A)$ 且

$$\frac{d}{dt}(T(t)x)=AT(t)x=T(t)Ax; \tag{1.28}$$

对任意的 $x\in D(A^n)$ 和 $t>0$，有

$$\frac{d^n}{dt^n}(T(t)x)=A^nT(t)x=T(t)A^nx; \tag{1.29}$$

对任意的 $x\in X$，有

$$\int_0^t T(s)xds\in D(A) \tag{1.30}$$

且

$$T(t)x-x=A\int_0^t T(s)xds,\quad \forall t\geqslant 0. \tag{1.31}$$

（二）C_0-半群的指数稳定

定义 1.5[79]设 $T(t)$ 为 *Banach* 空间 X 上的 C_0-半群，$T(t)$ 称为指数稳定的，如果

$$\|T(t)\|_X\leqslant Me^{-wt},\quad \forall t\geqslant 0, \tag{1.32}$$

其中 ω、M 是正常数。

定义 1.6[78]设 $T(t)$ 是 *Banach* 空间 X 上的 C_0-半群，算子 A 是 C_0-半群 $T(t)$ 的无穷小生成元。那么算子 A 的增长界定义为：

$$\omega(A)=\inf\{\omega\in\mathbb{R}\mid 存在 M_\omega\leqslant 1 使得 \|T(t)\|\leqslant M_\omega e^{\omega t},\ t\geqslant 0\}. \tag{1.33}$$

定义 1.7[78]设 $T(t)$ 是 *Banach* 空间 X 上的 C_0-半群，算子 A 是 C_0-半群 $T(t)$ 的无穷小生成元，那么算子 A 的谱界定义为

$$S(A)=\sup\{\mathrm{Re}\lambda\mid \lambda\in\sigma(A)\}. \tag{1.34}$$

定理 1.8[79]设 $T(t)$ 是 *Banach* 空间 X 上的 C_0-半群，算子 A 为 C_0-半群 $T(t)$ 的无穷小生成元。那么以下四个结论等价：

$T(t)$ 指数稳定；

$\sup_{\tau\in\mathbb{R}}\|\mathcal{R}(i\tau,A)\|x<\infty$（频域方法）；

$T(t)$ 的增长阶 $\omega(A)<0$（谱分析方法）；

对某些 $p\geqslant 1$，

$$\int_0^{\infty} \| T(t)x \|_X^p dt < \infty,\ \forall x \in X \text{（时域方法）}. \tag{1.35}$$

推论 1.9[78]如果谱决定增长条件成立，即

$$\omega(A) = S(A), \tag{1.36}$$

那么根据定理1.8，只要满足 $S(A)<0$，半群 $T(t)$ 指数稳定。

1.3.2　无穷维系统的基本概念

本节不加证明地介绍分布参数控制理论中的一些重要概念，具体证明参见文献[78,80]。

（一）阳范空间和阴范空间

定义 1.10[81]设 X 是 *Banach* 空间，$A: D(A) \subset X \to X$ 是闭线性算子，称集合

$$\rho(A) = \{\lambda \in C \mid (\lambda I - A)^{-1} \in \mathcal{L}(X)\} \tag{1.37}$$

为 A 的预解集，$\rho(A)$ 中的 λ 称为 A 的正则值。

定义 1.11[78]设 X 是 *Hilbert* 空间，定义算子 $A: D(A) \subset X \to X$ 是稠定的且有 $\rho(A) \neq \emptyset$。那么算子 A 的伴随记为 A^*，定义域定义为：

$$D(A^*) = \left\{ y \in X \,\middle|\, \sup_{z \in D(A), z \neq 0} \frac{|\langle Az, y \rangle|}{\| z \|} < \infty \right\} \tag{1.38}$$

且满足

$$\langle A^* y, z \rangle = \langle y, Az \rangle \quad \forall z \in D(A),\ y \in D(A^*). \tag{1.39}$$

定义 1.12 [78]设 X 是 *Hilbert* 空间，算子 A：$D(A)\subset X\to X$ 稠定且满足 $\rho(A)\neq\emptyset$。对任意的 $\beta\in\rho(A)$，范数 $\|\cdot\|_1$ 和 $\|\cdot\|_{-1}$ 分别定义为

$$\begin{cases}\|x\|_1=\|(\beta-A)x\|_X, & \forall x\in D(A),\\ \|x\|_{-1}=\|(\beta-A)^{-1}x\|_X, & \forall x\in X,\end{cases}\tag{1.40}$$

那么 $(D(A),\|\cdot\|_1)$ 和 $([D(A^*)]',\|\cdot\|_{-1})$ 均构成 *Hilbert* 空间，分别称之为阳范空间和阴范空间，简记为 $D(A)$ 和 $[D(A^*)]'$。

算子 $\tilde{A}$ 定义为

$$\langle\tilde{A}x, y\rangle_{[D(A^*)]',D(A^*)}=\langle x, A^*y\rangle_X,\ \forall x\in X,\ y\in D(A^*),\tag{1.41}$$

其中 $A^*\in\mathcal{L}(D(A^*), X)$。对任意的 $x\in D(A)$，$\tilde{A}x=Ax$。因此，$\tilde{A}\in\mathcal{L}(X,[D(A^*)]')$ 是算子 A 的延拓。特别地，由于算子 A 是稠定算子，所以延拓 $\tilde{A}$ 是唯一的。

设 Y 是输出 *Hilbert* 空间，$C\in L[D(A), Y]$，定义算子 C 关于算子 A 的 Λ-延拓为

$$\begin{cases}C_\Lambda x=\lim\limits_{\lambda\to+\infty}C\lambda(\lambda I-A)^{-1}x, & \forall x\in D(C_\Lambda).\\ D(C_\Lambda)=\{x\in X\mid \text{以上极限存在}\}.\end{cases}\tag{1.42}$$

对于任意的 $x\in D(C_\Lambda)$，定义范数

$$\|x\|_{D(C_\Lambda)}=\|x\|_X+\sup_{\lambda\geqslant\lambda_0}\|C\lambda(\lambda I-A)^{-1}x\|_Y,\tag{1.43}$$

其中 $\lambda_0\in\mathbb{R}$ 且满足 $[\lambda_0,\infty)\subset\rho(A)$。根据 [82, Propostion 5.3] 可得 $D(C_\Lambda)$ 是 *Banach* 空间，其范数为 $\|\cdot\|_{D(C_\Lambda)}$ 且 $C_\Lambda\in L[D(C_\Lambda), Y]$。另外，存在如下连续嵌入：

$$D(A) \hookrightarrow D(C_\Lambda) \hookrightarrow X \hookrightarrow [D(A^*)]'. \tag{1.44}$$

（二）允许控制算子和允许观测算子

设 X 是 *Hilbert* 空间，在 X 上考虑无穷维控制系统

$$\begin{cases} \dot{x}(t) = Ax(t) + Bu(t), \\ x(0) = x_0, \end{cases} \tag{1.45}$$

其中 x 为系统（1.45）的状态，$u \in U$ 为控制输入，A 为系统算子且在 X 上生成 C_0-半群，$B \in \mathcal{L}(U, X_{-1})$ 为控制算子。当 $u \in L^2_{\mathrm{loc}}(0, \infty; U)$ 时，系统的解为

$$x(t) = e^{At}x_0 + \int_0^t e^{\widetilde{A}(t-s)} Bu(s)\, ds \in X_{-1}, \tag{1.46}$$

其中 $\widetilde{A}$ 由（1.41）定义。为使系统（1.45）的解仍在空间 X 中，给出控制允许算子的概念[78]。

定义 1.13 [78] 如果存在 $\tau>0$ 使得

$$\Phi_\tau u = \int_0^\tau e^{\widetilde{A}(\tau-s)} Bu(s)\, ds \in X, \quad \forall u \in L^2_{\mathrm{loc}}(0, \infty; U), \tag{1.47}$$

那么控制算子 $B \in \mathcal{L}(U, X_{-1})$ 称为对 C_0-半群 e^{At} 是允许的。

命题 1.14 [78] 控制算子 $B \in \mathcal{L}(U, X_{-1})$ 对 C_0-半群 e^{At} 是允许的当且仅当对某个 $\tau>0$，

$$\int_0^\tau \| B^* e^{A^* t} x \|_U^2 dt \leqslant c_\tau^2 \| x \|_X^2, \quad \forall x \in D(A^*), \tag{1.48}$$

其中 c_τ 为不依赖于 x 的正常数，$B^*: X_1 \to U$ 满足

$$\langle Bu, x\rangle_{X_{-1},D(A^*)} = \langle u, B^* x\rangle_U, \quad \forall x \in D(A^*). \tag{1.49}$$

类似于控制算子的允许性，在 *Hilbert* 空间 X 上考虑观测算子的允许性。考虑无穷维观测系统

$$\begin{cases} \dot{x}(t) = Ax(t), \ x(0) = x_0, \\ y(t) = Cx(t), \end{cases} \tag{1.50}$$

其中 x 为系统状态，$y \in Y$ 为系统输出，A 为系统算子且在 X 上生成 C_0-半群，$C \in \mathcal{L}(X_1, Y)$ 为输出算子。当 $x_0 \in X$ 时，有 $e^{At}x_0 \in X$，那么 $y(t) = Ce^{At}x_0$ 很可能没有意义。

定义 1.15 [78] 如果对某个 $\tau>0$，存在 $c_\tau>0$ 使得

$$\int_0^\tau \| Ce^{As}x_0 \|_Y^2 ds \leqslant c_\tau^2 \| x_0 \|_{X_1}^2, \quad \forall x_0 \in X_1, \tag{1.51}$$

那么观测算子 $C \in \mathcal{L}(X_1, Y)$ 称为对 C_0-半群 e^{At} 是允许的。

命题 1.16 [79] 在控制系统 $\sum_c(A, B)$ 中，控制算子 $B \in \mathcal{L}(U, X_{-1})$ 对 C_0-半群 e^{At} 是允许的，当且仅当在观测系统 $\sum_o(B^*, A^*)$ 中观测算子 $B^* \in \mathcal{L}(X_1, U)$ 对 C_0-半群 e^{A^*t} 是允许的。

1.3.3 其他相关知识

（一）Laplace 变换

对任意的 $u \in L^1_{\text{loc}}[0, \infty)$，定义它的 Laplace 变换$\mathcal{L}(u)$ 为

$$\mathcal{L}[u(t)] = \int_0^\infty e^{-st}u(t)\,dt, \tag{1.52}$$

其中 $s\in\mathbb{C}$ 使得如下积分收敛

$$\int_0^\infty e^{-t\mathrm{Re}s}\ |u(t)|\ dt. \tag{1.53}$$

函数 $u(t)$ 的 Laplace 变换通常记为 $\hat{u}(s)$，即：$\mathcal{L}[u(t)]=\hat{u}(s)$。如果 $u\in H^1_{\mathrm{loc}}(0,\infty)$ 使得 $\dot{u}$ 的 Laplace 变换 $\hat{\dot{u}}$ 在某个右半平面 $\mathbb{C}_\alpha$（$\alpha\geqslant 0$）内有意义，那么 $\hat{u}$ 在右半平面 $\mathbb{C}_\alpha$ 内也有意义，此外，

$$\hat{\dot{u}}(s)=s\hat{u}(s)-u(0). \tag{1.54}$$

设 $u\in L^1_{\mathrm{loc}}[0,\infty)$ 使得 $\hat{u}$ 在某个右半平面 $\mathbb{C}_\alpha$ 内有意义，其中 $\alpha\in\mathbb{R}$，并且设 $y(t)=-tu(t)$，那么 $y\in L^1_{\mathrm{loc}}[0,\infty)$，此外，

$$\hat{y}(s)=\frac{d}{ds}\hat{u}(s),\ s\in\mathbb{C}_\alpha. \tag{1.55}$$

定义 1.17 Laplace 变换有如下性质：

（1）设 $\mathcal{L}[f_1(t)]=\hat{f}_1(s)$，$\mathcal{L}[f_2(t)]=\hat{f}_2(s)$，那么 $\hat{f}_1(s)\hat{f}_2(s)=\mathcal{L}[f_1(t)*f_2(t)]$；

（2）设 $\mathcal{L}[f(t)]=\hat{f}(s)$，那么

$$\mathcal{L}\left[\frac{d^nf(t)}{dt^n}\right]=s^nF(s)-[s^{n-1}f(0)+s^{n-2}\dot{f}(0)+\cdots+f^{(n-1)}(0)]; \tag{1.56}$$

（3）设 $\mathcal{L}[f(t)]=\hat{f}(s)$，那么

$$\mathcal{L}[f(t-\tau)]=e^{-\tau s}\hat{f}(s) \tag{1.57}$$

且

$$\mathcal{L}\left[e^{at}f(t)\right]=\hat{f}(s-a). \tag{1.58}$$

（4）设$\mathcal{L}[f(t)]=\hat{f}(s)$，那么

$$\mathcal{L}\left[f\left(\frac{t}{a}\right)\right]=a\hat{f}(as). \tag{1.59}$$

（二）Hautus 引理

引理 1.18 [80, Proposition1.5.1] 系统（A，C）可观当且仅当

$$\operatorname{rank}\begin{pmatrix}A-\lambda I\\ C\end{pmatrix}=n,\quad \forall\lambda\in\sigma(A) \tag{1.60}$$

或者

$$\operatorname{Ker}C\cap\operatorname{Ker}(\lambda-A)=\{0\},\quad \forall\lambda\in\sigma(A). \tag{1.61}$$

第 2 章
带有时滞的一维热方程的性能输出跟踪

2.1 研究背景与问题描述

时滞是日常生产生活中不可避免的普遍现象。对时滞早期的研究开始于 Smith 预估器的提出[17]，Smith 预估器对解决常微分方程时滞问题是非常有效的。实际应用中，大部分的实际现象可以建模为偏微分系统。在控制理论中，带有时滞的偏微分方程控制仍然是一个具有挑战性的问题，相关研究成果相对较少。文献[24] 采用预测反馈的方法研究带有时滞的热方程。作为文献[84] 设计方法的拓展，文献[85] 中利用有限维谱截断技术对时滞进行补偿。利用谱截断技术，文献[86] 构造带有时滞的线性热方程的全状态控制器。文献[22,23] 利用 backstepping 方法研究带有时滞的镇定问题。性能输出跟踪问题是控制研究的核心问题之一。输出跟踪问题的目标是：设计控制反馈律使得闭环系统的输出渐进跟踪给定的参考信号。具体来说，性能输出跟踪问题需要实现四个控制目标：(1) 输出指数跟踪参考信号；(2) 抑制干扰；(3) 内部系统的所有子系统有界；(4) 当不考虑干扰和参考信号时，闭环系统指数稳定[87]。

本章主要研究如下带有输入时滞和外部干扰的一维热方程的性能输出跟踪问题：

$$
\begin{cases}
w_t(x,t)=w_{xx}(x,t), & 0<x<1,\ t>0,\\
w_x(0,t)=d_1(t), & t\geqslant 0,\\
w_x(1,t)=U(t-\tau)+d_2(t), & t\geqslant 0,\\
y_p(t)=w(0,t), & t\geqslant 0,
\end{cases}
\tag{2.1}
$$

其中 w 是系统状态，y_p 是性能输出，d_i，$i=1$，2 是外部干扰，$\tau>0$ 是常数时滞，U 是控制输入。在系统（2.1）中，$x=0$ 端和 $x=1$ 端都带有干扰且存在非同位结构：输出 y_p 和干扰 d_2 非同位，控制 U 和干扰 d_1 非同位，输出 y_p 和控制 U 非同位。如同一般的输出调节问题[58,71,88]，干扰 d_i，$i=1$，2 和参考信号 y_{ref} 由以下有限维外系统生成：

$$\begin{cases}\dot{v}(t)=Gv(t), & t\geqslant 0,\\ d_i(t)=Q_iv(t), & t\geqslant 0,\ i=1,\ 2,\\ y_{ref}(t)=Fv(t), & t\geqslant 0,\end{cases} \tag{2.2}$$

其中 $G\in\mathbb{C}^{n\times n}$，$F\in\mathbb{C}^{1\times n}$ 和 $Q_i\in\mathbb{C}^{1\times n}$，$i=1$，2 是已知矩阵。由于外系统（2.2）的初始状态 $v(0)$ 未知，那么干扰 $d_i(t)$ 和参考信号 $y_{ref}(t)$ 是未知的。本章的目的是设计反馈控制使得

$$w(0,\ t)\to y_{ref}(t),\quad t\to\infty. \tag{2.3}$$

本章中能够用于反馈控制设计的唯一测量是跟踪误差

$$y_e(t)=y_{ref}(t)-y_p(t). \tag{2.4}$$

当控制输入 $U(t-\tau)\equiv 0$ 时，系统（2.1）和系统（2.2）可以表示为级联观测系统：

$$\begin{cases}w_t(x,\ t)=w_{xx}(x,\ t),\\ w_x(0,\ t)=Q_1v(t),\\ w_x(1,\ t)=Q_2v(t),\\ \dot{v}(t)=Gv(t),\\ y_e(t)=Fv(t)-w(0,\ t),\end{cases} \tag{2.5}$$

类似于文献[63]中的假设，在输出调节问题系统（2.1）和问题（2.3）中，假设

$$(G, F\tilde{G}\sinh\tilde{G}+Q_1\cosh\tilde{G}-Q_2)\text{ 可观，}\tilde{G}^2=G. \tag{2.6}$$

其他文章中总是假设系统（2.5）近似可观，这里指出，条件（2.6）要比系统（2.5）近似可观这个条件弱。事实上，通过 Hautus 引理[80, Proposition 1.5.1]，当 $(G, F\tilde{G}\sinh\tilde{G}+Q_1\cosh\tilde{G}-Q_2)$ 不可观时，存在 $\lambda\in\sigma(G)$ 和 $0\neq\eta\in\mathbb{C}^n$ 满足

$$(F\tilde{G}\sinh\tilde{G}+Q_1\cosh\tilde{G}-Q_2)\eta=0\text{ 和 }G\eta=\lambda\eta. \tag{2.7}$$

如果定义

$$v(t)=e^{\lambda t}\eta \tag{2.8}$$

和

$$w(x,t)=\left[F\cosh(x\tilde{G})+Q_1x\mathcal{G}(x\tilde{G})\right]v(t), \tag{2.9}$$

其中

$$\mathcal{G}(s)=\begin{cases}\dfrac{\sinh s}{s}, & s\neq0,\ s\in\mathbb{C},\\ 1, & s=0,\end{cases} \tag{2.10}$$

简单计算可知由（2.8）和（2.9）定义的 (w, v) 是级联系统（2.5）的非零解。但是在可观性假设和定义（2.8），（2.9）条件下有 $y_e(t)\equiv0$。这意味着系统（2.5）不是近似可观的。上面式子条件（2.6）和式子（2.9）中出现的矩阵 $\sinh\tilde{G}$，$\cosh\tilde{G}$，$\mathcal{G}(x\tilde{G})$ 在文献[63]中曾经使用过，并且可以由文献[83, p.3, Definition 1.2]定义，所以这里的假设和定义都是合理的。

受文献[28]的启发，设

$$\phi(x,t)=U(t-\tau x),\ x\in[0,1],\ t\geqslant 0, \tag{2.11}$$

那么输入时滞可以动态地表示为：

$$\begin{cases}-\tau\phi_t(x,t)=\phi_x(x,t), & 0<x<1,\ t>0,\\ \phi(0,t)=U(t), & t\geqslant 0.\end{cases} \tag{2.12}$$

将外系统（2.2）和时滞动态（2.12）带入控制系统（2.1），那么系统（2.1）可以表示为：

$$\begin{cases}w_t(x,t)=w_{xx}(x,t), & 0<x<1,\ t>0,\\ w_x(0,t)=Q_1v(t), & t\geqslant 0,\\ w_x(1,t)=\phi(1,t)+Q_2v(t), & t\geqslant 0,\\ -\tau\phi_t(x,t)=\phi_x(x,t), & 0<x<1,\ t>0,\\ \phi(0,t)=U(t), & t\geqslant 0,\\ y_p(t)=w(0,t), & t\geqslant 0,\\ \dot{v}(t)=Gv(t), & t\geqslant 0,\\ y_e(t)=Fv(t)-w(0,t), & t\geqslant 0.\end{cases} \tag{2.13}$$

接下来将在状态空间$\mathcal{H}=L^2(0,1)\times L^2(0,1)\times\mathbb{C}^n$中讨论系统（2.13）。

对于单输入单输出系统的输出跟踪问题而言，一个必要条件是外系统的谱点不能是控制对象的传输零点。当系统（2.13）没有干扰时，通过 Laplace 变换可得：

$$\begin{cases} s\check{w}(x,s)=\check{w}''(x,s), \\ \check{w}'(0,s)=0, \\ \check{w}'(1,s)=\check{\phi}(1,s), \\ -\tau s\check{\phi}(x,s)=\check{\phi}'(x,s), \\ \check{\phi}(0,s)=\check{U}(s), \\ Y_p(s)=\check{w}(0,s), \end{cases} \tag{2.14}$$

其中 $\check{w}(x,s)$、$\check{\phi}(x,s)$，$\check{U}(s)$ 和 $Y_p(s)$ 分别是 $w(x,t)$、$\phi(x,t)$、$U(t)$ 和 $y_p(t)$ 的 Laplace 变换。在系统（2.14）中，由于 $\check{\phi}(x,s)$ -子系统不依赖 $\check{w}(x,s)$ -子系统，所以首先计算系统

$$\begin{cases} -\tau s\check{\phi}(x,s)=\check{\phi}'(x,s), \\ \check{\phi}(0,s)=\check{U}(s) \end{cases} \tag{2.15}$$

的解。设系统（2.15）的特征根为 λ_1，代入系统（2.15）可得 $\lambda_1=-\tau s$。那么系统（2.15）的一般解可以表示为

$$\check{\phi}(x,s)=a_1e^{-\tau sx}. \tag{2.16}$$

根据 $\check{\phi}(0,s)=\check{U}(s)$，可知 $a_1=\check{U}(s)$。因此系统（2.15）的解为

$$\check{\phi}(x,s)=\check{U}(s)e^{-\tau sx}. \tag{2.17}$$

显然 $\check{\phi}(1, s)=\check{U}(s)e^{-\tau s}$。那么 $\check{w}(x, s)$ -子系统可以表示为

$$\begin{cases} s\check{w}(x, s)=\check{w}''(x, s), \\ \check{w}'(0, s)=0, \\ \check{w}'(1, s)=\check{U}(s)e^{-\tau s}. \end{cases} \tag{2.18}$$

设系统（2.18）的特征根为 λ_2，将特征根 λ_2 代入系统（2.18）简单计算可知 $\lambda_2=\pm\sqrt{s}$。那么系统（2.18）的一般解可以表示为

$$\check{w}(x, s)=a_2e^{\sqrt{s}x}+a_3e^{-\sqrt{s}x}, \tag{2.19}$$

其中 a_2，a_3 是待定常数。把一般解（2.19）代入系统（2.18）的边界条件中可得

$$a_2=a_3=\frac{\check{U}(s)e^{-\tau s}}{\sqrt{s}(e^{\sqrt{s}}-e^{-\sqrt{s}})}. \tag{2.20}$$

因此系统（2.18）的解为

$$\check{w}(x, s)=\frac{\check{U}(s)e^{-\tau s}}{\sqrt{s}(e^{\sqrt{s}}-e^{-\sqrt{s}})}e^{\sqrt{s}x}+\frac{\check{U}(s)e^{-\tau s}}{\sqrt{s}(e^{\sqrt{s}}-e^{-\sqrt{s}})}e^{-\sqrt{s}x} \tag{2.21}$$

那么系统（2.13）的传递函数为

$$T(s)=\frac{Y_p(S)}{\check{U}(s)}=\frac{2e^{-\tau s}}{\sqrt{s}(e^{\sqrt{s}}-e^{-\sqrt{s}})}. \tag{2.22}$$

传递函数（2.22）没有零点，因此假设外系统有如下条件成立：

假设 2.1 矩阵 $G\in\mathbb{C}^{n\times n}$ 满足

$$\sigma(G)\subset\{\lambda\mid \mathrm{Re}\lambda=0\}. \tag{2.23}$$

注记 2.2 假设 2.1 与文献[89]、文献[90] 中的假设条件不同，此外假设 2.1 比文献[71] 中的假设 1.1 条件弱。在这一章中假设 2.1 有以下三个作用：第一，假设 2.1 使得性能输出跟踪问题（2.13）有意义，也就是说当 t 趋于无穷时，干扰 $d_i(t)$，$i=1$，2 和参考信号 $y_{ref}(t)$ 存在。第二，假设 2.1 在控制器和观测器的设计过程中起着重要的作用，并且假设 2.1 使得变换（2.24）、（2.27）、（2.69）和（2.71）是有意义的。与此同时，假设 2.1 是定理 2.4 和定理 2.9 成立的充分条件。第三，假设 2.1 使得所有的干扰和参考信号都是由谐波信号的有限和产生的[91]。

文献[71] 中，作者利用内模原理研究热方程的性能输出跟踪问题，这个问题中不含有时滞。本章中输入时滞使得该问题变得更加困难。由于时滞可以动态地表示为一阶双曲系统，那么带有输入时滞的热方程的控制问题可以看作 PDE-PDE 级联系统的控制问题。在本章接下来的部分，首先设计全状态反馈实现系统（2.13）的输出跟踪，然后设计基于误差的观测器估计系统状态和外部干扰。

2.2 状态反馈

2.2.1 反馈控制器设计

本节将设计系统（2.13）的全状态反馈控制律以达到输出跟踪目标（2.3）。首先将性能输出跟踪问题（2.13）转化为镇定问题，为此定义如下可逆变换：

$$\mathrm{S}_1\begin{pmatrix} f \\ g \\ h \end{pmatrix}=\begin{pmatrix} f-\Psi_1(\cdot)h \\ g-\Phi(\cdot)h \\ h \end{pmatrix},\quad \forall (f, g, h)\in\mathcal{H}, \tag{2.24}$$

其中 $\Psi_1:[0, 1]\to\mathbb{C}^n$ 和 $\Phi:[0, 1]\to\mathbb{C}^n$ 是由如下调节方程组生成的向量值函数：

$$\begin{cases} \Psi''_1(x)=\Psi_1(x)G, \\ \Psi_1(0)=F, \\ \Psi'_1(0)=Q_1, \\ \Phi'(x)=-\tau\Phi(x)G, \\ \Phi(0)=[\Psi'_1(1)-Q_2]e^{\tau G}. \end{cases} \tag{2.25}$$

根据常微分方程理论简单计算可得系统（2.25）的解为：

$$\begin{cases} \Psi_1(x)=F\cosh(x\tilde{G})+Q_1x\mathcal{G}(x\tilde{G}),\tilde{G}^2=G, \\ \Phi(x)=[\Psi'_1(1)-Q_2]e^{\tau G}e^{-\tau Gx}, \end{cases} \tag{2.26}$$

其中$\mathcal{G}(\cdot)$ 由（2.10）定义，满足 $\Phi(1)=\Psi'_1(1)-Q_2$。（2.26）中出现的矩阵 $\cosh(x\tilde{G})$ 和$\mathcal{G}(x\tilde{G})$ 曾经在文献[63]中使用过，可以由文献[83, p. 3, Definition 1.2]定义。简单计算可得算子 $\mathbf{S}_1\in\mathcal{L}(\mathcal{H})$ 可逆，其逆为：

$$\mathbf{S}_1^{-1}\begin{pmatrix} f \\ g \\ h \end{pmatrix}=\begin{pmatrix} f+\Psi_1(\cdot)h \\ g+\Phi(\cdot)h \\ h \end{pmatrix},\quad \forall (f, g, h)\in\mathcal{H}, \tag{2.27}$$

其中 $(\Psi_1(\cdot), \Phi(\cdot))$ 由（2.25）定义。假设2.1使得变化

$$
\begin{aligned}
&(w_1(\cdot,t), \phi_1(\cdot,t), v(t))^{\top} = \\
&\mathbf{S}_1(w(\cdot,t), \phi(\cdot,t), v(t))^{\top}
\end{aligned}
\tag{2.28}
$$

在 $t\to\infty$ 时是有意义的。根据变换（2.28），系统（2.13）变为如下系统：

$$
\begin{cases}
w_{1t}(x,t) = w_{1xx}(x,t), \\
w_{1x}(0,t) = 0, \\
w_{1x}(1,t) = \phi_1(1,t), \\
-\tau\phi_{1t}(x,t) = \phi_{1x}(x,t), \\
\phi_1(0,t) = U(t) - [\Psi'_1(1) - Q_2] e^{\tau G} v(t), \\
\dot{v}(t) = Gv(t), \\
y_e(t) = -w_1(0,t).
\end{cases}
\tag{2.29}
$$

观察系统（2.29）可以发现，跟踪误差 $y_e(t) = Fv(t) - w(0,t)$ 变为热系统的输出 $y_e(t) = -w_1(0,t)$。这样系统（2.13）的输出跟踪问题变为系统（2.29）的镇定问题，与此同时所有的干扰都转换到控制通道内。系统（2.29）中 $-[\Psi'_1(1) - Q_2] e^{\tau G} v(t)$ 现在位于输入端，那么通过估计/消除策略，系统（2.29）的控制器可以设计为

$$
U(t) = [\Psi'_1(1) - Q_2] e^{\tau G} v(t) + U_1(t).
\tag{2.30}
$$

控制器（2.30）中的第一项 $[\Psi'_1(1) - Q_2] e^{\tau G} v(t)$ 用来补偿系统（2.29）中位于输入端的项 $[Q_2 - \Psi'_1(1)] e^{\tau G} v(t)$，第二项 $U_1(t)$ 是需要设计的新控制器。根据控制器（2.30），系统（2.29）变为：

$$\begin{cases} w_{1t}(x,t)=w_{1xx}(x,t), \\ w_{1x}(0,t)=0, \\ w_{1x}(1,t)=\phi_1(1,t), \\ -\tau\phi_{1t}(x,t)=\phi_{1x}(x,t), \\ \phi_1(0,t)=U_1(t), \\ y_e(t)=-w_1(0,t). \end{cases} \tag{2.31}$$

系统（2.31）的状态空间是$\mathcal{H}_0=L^2(0,1)\times L^2(0,1)$。观察系统（2.31）发现系统的控制器 U_1 没有直接安装在控制装置 w_1-系统上，因此需要通过补偿由一阶双曲系统生成的执行动态来镇定整个系统（2.31），这将是控制器 U_1 设计的主要难点。为此，引入 backstepping 变换。为避免 backstepping 变换在数学上的不严谨性，本节使用算子形式来完成控制器的设计过程。受文献[92]的启发，引入如下变化：

$$\mathbf{P}\begin{pmatrix} f \\ g \end{pmatrix}=\begin{pmatrix} f-\int_0^{\cdot} k(\cdot,y)f(y)dy \\ g-\int_1^{\cdot} p(\cdot-y)g(y)dy-\int_0^1 \gamma(\cdot,y)f(y)dy \end{pmatrix},\quad \forall (f,g)\in\mathcal{H}_0, \tag{2.32}$$

其中核函数 k，γ 和 p 分别定义为：

$$\begin{cases} k_{xx}(x,y)=k_{yy}(x,y)+c_1k(x,y), & 0<y\leqslant x<1, \\ k(x,x)=\dfrac{c_1}{2}(1-x), & 0<x<1, \\ k_y(x,0)=0, & 0<x<1, \end{cases} \tag{2.33}$$

$$
\begin{cases}
\gamma_x(x, y) = -\tau\gamma_{yy}(x, y), & (x, y) \in [0, 1] \times (0, 1), \\
\gamma_y(x, 0) = 0, & 0<x<1, \\
\gamma_y(x, 1) = 0, & 0<x<1, \\
\gamma(1, y) = k_x(1, y), & 0<y<1
\end{cases}
\tag{2.34}
$$

和

$$
p(s) = -\tau\gamma(s+1, 1),\ s \in [-1, 0]. \tag{2.35}
$$

在系统（2.33）中，参数 c_1 满足 $0<c_1\leqslant 4$。根据文献[92] 可知系统（2.33）是适定的。系统（2.34）是一般的热方程，可以通过分离变量法求解，根据系统（2.34）的解可以求出 $p(s)$，这样定义的变化（2.32）是有意义的。通过直接计算可知，算子 $\mathbf{P}\in\mathcal{L}(\mathcal{H}_0)$ 可逆，其逆为：

$$
\mathbf{P}^{-1}\begin{pmatrix} f \\ g \end{pmatrix} = \begin{pmatrix} f + \int_0^{\cdot} l(\cdot, y)f(y)dy \\ g + \int_1^{\cdot} q(\cdot - y)g(y)dy + \int_0^1 \vartheta(\cdot, y)f(y)dy \end{pmatrix},
$$

$$
\forall (f, g) \in \mathcal{H}_0, \tag{2.36}
$$

其中核函数 l，ϑ 和 q 分别定义为：

$$
\begin{cases}
l_{xx}(x, y) = l_{yy}(x, y) - c_1 l(x, y), & 0<y\leqslant x<1, \\
l_y(x, 0) = -\dfrac{c_1}{2} l(x, 0), & 0<x<1, \\
l(x, x) = \dfrac{c_1}{2}(1-x), & 0<x<1,
\end{cases}
\tag{2.37}
$$

$$\begin{cases}\vartheta_x(x,y)+\tau\vartheta_{yy}(x,y)=c_1\tau\vartheta(x,y), & (x,y)\in[0,1]\times(0,1),\\ \vartheta_y(x,0)=-\dfrac{c_1}{2}\vartheta(x,0), & 0<x<1,\\ \vartheta_y(x,1)=0, & 0<x<1,\\ \vartheta(1,y)=l_x(1,y), & 0<y<1,\end{cases} \tag{2.38}$$

和

$$q(s)=-\tau\vartheta(1+s,1),\ s\in[-1,0]. \tag{2.39}$$

系统（2.37）和系统（2.38）中的参数 c_1 满足 $0<c_1\leqslant 4$。通过文献[92] 可知系统（2.37）是适定的。设

$$(u(\cdot,t),z(\cdot,t))^{\top}=\mathbf{P}(w_1(\cdot,t),\phi_1(\cdot,t))^{\top}, \tag{2.40}$$

那么新状态 $(u(\cdot,t),z(\cdot,t))^{\top}$ 由如下系统生成：

$$\begin{cases}u_t(x,t)=u_{xx}(x,t)-c_1u(x,t),\\ u_x(0,t)=-\dfrac{c_1}{2}u(0,t),\\ u_x(1,t)=z(1,t),\\ -\tau z_t(x,t)=z_x(x,t),\\ z(0,t)=U_1(t)-\tau\displaystyle\int_0^1\gamma(1-y,1)\phi_1(y,t)dy-\\ \qquad\displaystyle\int_0^1\gamma(0,y)w_1(y,t)dy,\end{cases} \tag{2.41}$$

其中参数 c_1 满足 $0<c_1\leqslant 4$。根据目标稳定系统

$$\begin{cases} u_t(x,t)=u_{xx}(x,t)-c_1u(x,t), \\ u_x(0,t)=-\dfrac{c_1}{2}u(0,t),\ u_x(1,t)=z(1,t), \\ -\tau z_t(x,t)=z_x(x,t), \\ z(0,t)=0, \end{cases} \tag{2.42}$$

其中参数 c_1 满足 $0<c_1\leqslant 4$，控制器 U_1 可以设计为：

$$U_1(t)=\int_0^1\gamma(0,y)w_1(y,t)dy+\tau\int_0^1\gamma(1-y,1)\phi_1(y,t)dy. \tag{2.43}$$

根据（2.30）和（2.43），控制器 U 设计为

$$U(t)=[\Psi'_1(1)-Q_2]e^{\tau G}v(t)+\int_0^1\gamma(0,y)w_1(y,t)dy$$
$$+\tau\int_0^1\gamma(1-y,1)\phi_1(y,t)dy. \tag{2.44}$$

结合（2.44）可得系统（2.29）的闭环系统为：

$$\begin{cases} w_{1t}(x,t)=w_{1xx}(x,t); \\ w_{1x}(0,t)=0, \\ w_{1x}(1,t)=\phi_1(1,t), \\ -\tau\phi_{1t}(x,t)=\phi_{1x}(x,t), \\ \phi_1(0,t)=\int_0^1\gamma(0,y)w_1(y,t)dy+\tau\int_0^1\gamma(1-y,1)\phi_1(y,t)dy, \\ y_e(t)=-w_1(0,t), \end{cases} \tag{2.45}$$

其中 γ 由（2.34）定义。

2.2.2 主要结果证明

引理 2.3 设 $\tau>0$，γ 由系统（2.34）定义，那么对任意的初始状态 $(w_1(\cdot,0),\phi_1(\cdot,0))\in\mathcal{H}_0$，闭环系统（2.45）存在唯一解 $(w_1,\phi_1)\in C([0,\infty);\mathcal{H}_0)$ 使得

$$e^{w_0t}\|(w_1(\cdot,t),\phi_1(\cdot,t))\|_{\mathcal{H}_0}\to 0,\quad t\to\infty, \tag{2.46}$$

其中 w_0 是正常数。另外，存在正常数 w_1 使得调节误差 $y_e(t)=-w_1(0,t)$ 满足

$$e^{w_1t}|y_e(t)|\to 0,\quad t\to\infty. \tag{2.47}$$

证明 定义算子 A：$D(A)\subset\mathcal{H}_0\to\mathcal{H}_0$ 为：

$$\begin{cases}A(f,g)=\left(f'',-\dfrac{1}{\tau}g'\right),\ \forall(f,g)\in D(A),\\ D(A)=\left\{(f,g)\in H^2(0,1)\times H^1(0,1)\ \middle|\ f'(0)=0,f'(1)=g(1),\right.\\ \left.\qquad g(0)=\displaystyle\int_0^1\gamma(0,\cdot)fdy+\tau\int_0^1\gamma(1-\cdot,1)gdy\right\}.\end{cases} \tag{2.48}$$

根据定义（2.48），系统（2.45）可以写成抽象形式

$$\dot{X}(t)=AX(t),\ X(t)=(w_1(\cdot,t),\phi_1(\cdot,t))^{\top}. \tag{2.49}$$

定义算子 $A_0: D(A_0) \subset \mathcal{H}_0 \to \mathcal{H}_0$ 为：

$$\begin{cases} A_0(f, g) = \left(f'' - c_1 f, -\dfrac{1}{\tau} g'\right), \ \forall (f, g) \in D(A_0), \\ D(A_0) = \left\{(f, g) \in H^2(0, 1) \times H^1(0, 1) \mid f'(0) = -\dfrac{c_1}{2} f(0), \right. \\ \qquad \left. f'(1) = g(1), g(0) = 0\right\}. \end{cases} \tag{2.50}$$

根据定义（2.50），系统（2.42）可以写成抽象形式

$$\dot{X}_0(t) = A_0 X_0(t), \tag{2.51}$$

其中 $X_0(t) = (u(\cdot, t), z(\cdot, t))^{\top}$. 通过计算可得

$$\mathbf{P} A \mathbf{P}^{-1} = A_0 \text{ 和 } \mathbf{P} D(A) = D(A_0), \tag{2.52}$$

其中 **P** 由（2.32）定义。由于 **P** 是可逆算子，根据结果（2.52），如果证明算子 A_0 在 $\mathcal{H}_0$ 上生成指数稳定的 C_0 半群 $e^{A_0 t}$，这就能完成（2.46）的证明。事实上，由于系统（2.42）是两个指数稳定系统构成的级联系统，根据文献[93, Lemma 5.1] 可得算子 A_0 在 $\mathcal{H}_0$ 上生成指数稳定的 C_0-半群。另外，由（2.32）和（2.40）可得

$$u(x, t) = w_1(x, t) - \int_0^x k(x, y) w_1(y, t) dy, \ x \in [0, 1]. \tag{2.53}$$

通过（2.53）有

$$-u(0, t) = -w_1(0, t) = y_e(t). \tag{2.54}$$

因此，收敛性（2.47）成立当且仅当

$$e^{w_1 t}\ |u(0,t)|\to 0,\quad t\to\infty \tag{2.55}$$

成立，其中 w_1 是不依赖于 t 的正常数。由于系统（2.42）的 z-子系统是传输方程，那么当 $t>\tau$ 时，u-子系统变为带有齐次边界条件的热方程。因此，只需要考虑如下指数稳定系统[92]：

$$\begin{cases}u_t(x,t)=u_{xx}(x,t)-c_1 u(x,t),\\ u_x(0,t)=-\dfrac{c_1}{2}u(0,t),\\ u_x(1,t),=0,\end{cases} \tag{2.56}$$

其中参数 c_1 满足 $0<c_1\leq 4$。类似于文献[94] 中的证明可得，存在正常数 $w_1>0$ 使得

$$e^{w_1 t}\ |u(0,t)|\to 0,\quad t\to\infty. \tag{2.57}$$

接着设计原始系统（2.13）的控制器。结合（2.44），（2.24）和可逆变换（2.28），系统（2.13）的控制器可以设计为：

$$\begin{aligned}U(t)&=[\Psi'_1(1)-Q_2]\,e^{\tau G}v(t)+\\ &\int_0^1\gamma(0,y)[w(y,t)-\Psi_1(y)v(t)]dy+\\ &\tau\int_0^1\gamma(1-y,1)[\phi(y,t)-\Phi(y)v(t)]dy.\end{aligned} \tag{2.58}$$

根据控制器（2.58）可得系统（2.13）的闭环系统为：

$$\begin{cases}\dot{v}(t) = Gv(t), \\ w_t(x, t) = w_{xx}(x, t), \\ w_x(0, t) = Q_1 v(t), \\ w_x(1, t) = \phi(1, t) + Q_2 v(t), \\ -\tau\phi_t(x, t) = \phi_x(x, t), \\ \phi(0, t) = [\Psi'_1(1) - Q_2]e^{\tau G}v(t) + \int_0^1 \gamma(0, y)[w(y, t) - \\ \Psi_1(y) v(t)]dy + \tau\int_0^1 \gamma(1-y, 1)[\phi(y, t) - \Phi(y) v(t)]dy, \\ y_e(t) = Fv(t) - w(0, t), \end{cases} \tag{2.59}$$

其中 $(\Psi_1(\cdot), \Phi(\cdot))$ 和 γ 分别由（2.25）和（2.34）定义。

定理 2.4　设 $\tau>0$，$Q_i \in \mathbb{C}^{l\times n}$，$i=1, 2$，$F \in \mathbb{C}^{1\times n}$，$(\Psi_1(\cdot), \Phi(\cdot))$ 和 γ 分别由（2.25）和（2.34）定义。假设 2.1 成立，那么对于任意的初始状态 $(w(\cdot, 0), \phi(\cdot, 0), v(0)) \in \mathcal{H}$，系统（2.59）存在唯一解 $(w, \phi, v) \in C([0, \infty); \mathcal{H})$ 使得调节误差 $y_e(t) = Fv(t) - w(0, t)$ 满足

$$e^{w_1 t}|y_e(t)| \to 0, \quad t\to\infty, \tag{2.60}$$

其中 $w_1>0$ 是常数。另外，如果满足 $\sup_{t\in[0,\infty)} \|v(t)\|_{\mathbb{C}^n} < +\infty$，那么系统（2.59）的状态是一致有界的，也就是说，

$$\sup_{t\in[0,\infty)} \|(w(\cdot, t), \phi(\cdot, t), v(t))\|_{\mathcal{H}} < +\infty. \tag{2.61}$$

证明　由于系统（2.59）中的 v-子系统不依赖于 w-ϕ-子系统并且假设 2.1 成立，根据 v-子系统是有限维系统，那么 v-子系统显然是适定的。通过引理 2.3 可知，对任意初始状态 $(w_1(\cdot, 0), \phi_1(\cdot, 0)) \in \mathcal{H}_0$，系统

(2.45) 存在唯一指数稳定解 $(w_1, \phi_1) \in C([0, \infty); \mathcal{H}_0)$ 满足 (2.46)。根据可逆变换 (2.28) 可以定义如下变换

$$(w(\cdot, t), \phi(\cdot, t), v(t))^\top = \mathbf{S}_1^{-1}(w_1(\cdot, t), \phi_1(\cdot, t), v(t))^\top \tag{2.62}$$

对任意初始状态 $(w(\cdot, 0), \phi(\cdot, 0), v(0)) \in \mathcal{H}$，简单计算可知 $(w, \phi, v) \in C([0, \infty); \mathcal{H})$ 是系统 (2.59) 的唯一解。另外，由于

$$|y_e(t)| = |Fv(t) - w(0, t)| = |w_1(0, t)|, \tag{2.63}$$

结合 (2.47) 可得 (2.60) 成立。最后，通过 (2.62) 和假设条件 $\sup_{t \in [0, \infty)} \|v(t)\|_{\mathbb{C}^n} < +\infty$ 可得一致有界性 (2.61) 成立。

2.3 观测器

2.3.1 观测器设计

为估计系统 (2.13) 的状态和干扰，这一节主要设计系统 (2.13) 的观测器。系统 (2.13) 的观测器设计为

$$\begin{cases} \hat{w}_t(x, t) = \hat{w}_{xx}(x, t) + \Psi_2(x) L[y_e(t) - F\hat{v}(t) + \hat{w}(0, t)], \\ \hat{w}_x(0, t) = c_2[y_e(t) + \hat{w}(0, t) - T_2\hat{v}(t)] + T_1\hat{v}(t), \\ \hat{w}_x(1, t) = \phi(1, t) + \Psi'_2(1)\hat{v}(t), \\ -\tau\phi_t(x, t) = \phi_x(x, t), \\ \phi(0, t) = U(t), \\ \dot{\hat{v}}(t) = G\hat{v}(t) + L[y_e(t) - F\hat{v}(t) + \hat{w}(0, t)], \\ y_e(t) = Fv(t) - w(0, t), \end{cases} \tag{2.64}$$

其中 $c_2>0$ 是调节参数，$\Psi_2(\cdot)$：$[0,1]\to\mathbb{C}^n$ 是由如下系统生成的向量值函数：

$$\begin{cases}\Psi''_2(x)=\Psi_2(x)G,\\ \Psi'_2(0)=T_1,\\ \Psi_2(0)=T_2,\end{cases}\tag{2.65}$$

$T_1\in\mathbb{C}^{1\times n}$，$T_2\in\mathbb{C}^{1\times n}$ 是待定的调节向量。选取 T_1，T_2 的方法将会在注记 2.10 中给出。观测器（2.64）中选择 $L\in\mathbb{C}^{n\times 1}$ 使得 $G-L(F-T_2)$ 是 Hurwitz 阵。根据常微分方程理论可知系统（2.65）的解为

$$\Psi_2(x)=T_1x\mathcal{G}(x\tilde{G})+T_2\cosh(x\tilde{G}),\ \tilde{G}^2=G,\tag{2.66}$$

其中 $\mathcal{G}(\cdot)$ 由（2.10）定义，（2.66）中出现的矩阵由文献[83, p. 3, Definition 1.2]定义。

观测器（2.64）的形式看起来有些复杂，为更容易理解观测器的设计过程与目的，接着对观测器的设计给出解释。设计系统（2.13）的观测器之前，需要分离干扰和测量误差。设变换

$$\mathbf{S}_2\begin{pmatrix}f\\g\\h\end{pmatrix}=\begin{pmatrix}f-\Psi_2(\cdot)h\\g\\h\end{pmatrix},\ \forall(f,g,h)\in\mathcal{H},\tag{2.67}$$

其中 $\Psi_2(\cdot)$ 由（2.65）定义。通过直接计算可知 $\mathbf{S}_2\in\mathcal{L}(\mathcal{H})$ 可逆，其逆为

$$\mathbf{S}_2^{-1}\begin{pmatrix}f\\g\\h\end{pmatrix}=\begin{pmatrix}f+\Psi_2(\cdot)h\\g\\h\end{pmatrix},\ \forall(f,g,h)\in\mathcal{H}.\tag{2.68}$$

定义变换

$$(w_2(\cdot,t),\ \phi(\cdot,t),\ v(t))^{\top}=\mathbf{S}_2(w(\cdot,t),\ \phi(\cdot,t),\ v(t))^{\top}, \tag{2.69}$$

那么在满足条件 $\Psi'_2(1)=Q_2$ 的情况下系统（2.13）变为：

$$\begin{cases} w_{2t}(x,t)=w_{2xx}(x,t), \\ w_{2x}(0,t)=(Q_1-T_1)v(t), \\ w_{2x}(1,t)=\phi(1,t), \\ -\tau\phi_t(x,t)=\phi_x(x,t), \\ \phi(0,t)=U(t), \\ \dot{v}(t)=Gv(t), \\ y_e(t)=F_1v(t)-w_2(0,t), \end{cases} \tag{2.70}$$

其中 $F_1=F-T_2$，$T_1\in\mathbb{C}^{1\times n}$ 和 $T_2\in\mathbb{C}^{1\times n}$ 是给定的调节向量。虽然系统（2.70）和系统（2.13）形式上是一样的，但是在系统（2.13）中 $Q_1v(t)$ 是固定的，而系统（2.70）中 $(Q_1-T_1)v(t)$ 是可调节的，这样方便设计观测器。类似于变换（2.69），如果设

$$(\hat{w}_2(\cdot,t),\ \phi(\cdot,t),\hat{v}(t))^{\top}=\mathbf{S}_2(\hat{w}(\cdot,t),\ \phi(\cdot,t),\hat{v}(t))^{\top}, \tag{2.71}$$

那么根据（2.71），观测器系统（2.64）变为

$$
\begin{cases}
\hat{w}_{2t}(x,t)=\hat{w}_{2xx}(x,t) \\
\hat{w}_{2x}(0,t)=c_2[y_e(t)+\hat{w}_2(0,t)], \\
\hat{w}_{2x}(1,t)=\phi(1,t), \\
-\tau\phi_t(x,t)=\phi_x(x,t), \\
\phi(0,t)=U(t), \\
\dot{\hat{v}}(t)=G\hat{v}(t)+L[y_e(t)-F_1\hat{v}(t)+\hat{w}_2(0,t)],
\end{cases}
\tag{2.72}
$$

其中 $c_2>0$ 是调节参数，$L\in\mathbb{C}^{n\times 1}$ 使得 $G-LF_1$ 是 Hurwitz 阵。事实上，系统（2.72）可以看作系统（2.70）的观测器。为得到误差动态系统，设

$$
\begin{cases}
\tilde{w}_2(x,t)=w_2(x,t)-\hat{w}_2(x,t), \\
\tilde{v}(t)=v(t)-\hat{v}(t),
\end{cases}
\tag{2.73}
$$

那么根据系统（2.73），观测误差系统为：

$$
\begin{cases}
\tilde{w}_{2t}(x,t)=\tilde{w}_{2xx}(x,t), \\
\tilde{w}_{2x}(0,t)=c_2\tilde{w}_2(0,t), \\
\tilde{w}_{2x}(1,t)=0, \\
\dot{\tilde{v}}(t)=(G-LF_1)\tilde{v}(t)+L\tilde{w}_2(0,t),
\end{cases}
\tag{2.74}
$$

其中 T_1，F_1 满足

$$
Q_1-T_1-c_2F_1=0. \tag{2.75}
$$

系统（2.74）的状态空间是 $\mathcal{H}_1=L^2(0,1)\times\mathbb{C}^n$.

2.3.2 相关结果证明

引理 2.5 设调节参数 $c_2>0$，$f_1:\mathbb{C}\to\mathbb{C}$ 是连续函数。假设 2.1 成立，那么矩阵函数

$$f_1(G)=c_2\cosh\widetilde{G}+\widetilde{G}\sinh\widetilde{G},\widetilde{G}^2=G \tag{2.76}$$

可逆。

证明 设

$$f_1(\lambda_1)=c_2\cosh\widetilde{\lambda}_1+\widetilde{\lambda}_1\sinh\widetilde{\lambda}1,\widetilde{\lambda}_1^2=\lambda_1,\quad\forall\lambda_1\in\mathbb{C}. \tag{2.77}$$

由于算子

$$\begin{cases}A_2f=f'',\quad\forall f\in D(A_2),\\D(A_2)=\{f\in H^2(0,1)\mid f'(0)=c_2f(0),f'(1)=0\}\end{cases} \tag{2.78}$$

的特征方程恰好是 $f_1(\lambda_1)=0$，$\lambda_1\in\sigma(A_2)$。结合算子 A_2 在 $L^2(0,1)$ 上生成指数稳定的解析半群[105, Lemma 4.1] 可知，对任意 $\lambda_1\in\sigma(G)$ 可得 $\lambda_1\in\rho(A_2)$。这意味着

$$f_1(\lambda_1)=\widetilde{\lambda}_1\sinh\widetilde{\lambda}_1+c_2\cosh\widetilde{\lambda}_1\neq0,\widetilde{\lambda}_1^2=\lambda_1,\quad\forall\lambda_1\in\sigma(G). \tag{2.79}$$

因此，矩阵函数 $f_1(G)$ 可逆。

命题 2.6 设 $Q_i\in\mathbb{C}^{1\times n}$，$i=1,2$，$F\in\mathbb{C}^{1\times n}$，$f_1:\mathbb{C}\to\mathbb{C}$ 是连续函数，假设 2.1 成立。设矩阵 $f_1(G)$ 可逆，F_1 由（2.98）定义。那么 (G,F_1) 可观当且仅当 $(G,F_1f_1(G))$ 可观。

证明 对任意 $v \in \mathrm{Ker}(G) \cap \mathrm{Ker}(F_1 f_1(G))$，当 $\lambda_2 \in \sigma(G)$ 时有

$$0 = F_1 f_1(G) v = f_1(\lambda_2) F_1 v. \tag{2.80}$$

由引理 2.5 可知 $f_1(G) \in \mathbb{C}^{n\times n}$ 可逆。因此对任意 $\lambda_2 \in \sigma(G)$ 有 $f_1(\lambda_2) \neq 0$ 成立。根据（2.80）可得 $F_1 v = 0$，也就是说，

$$\mathrm{Ker}(G) \cap \mathrm{Ker}(F_1 f_1(G)) \subset \mathrm{Ker}(G) \cap \mathrm{Ker}(F_1). \tag{2.81}$$

另一方面，对任意 $v \in \mathrm{Ker}(G) \cap \mathrm{Ker}(F_1)$，

$$F_1 f_1(G) v = f_1(\lambda_2) F_1 v = 0, \tag{2.82}$$

其中 $F_1 = [F\widetilde{G} \sinh \widetilde{G} - Q_2 - Q_1 \cosh \widetilde{G}][f_1(G)]^{-1}$. 由（2.82）可得

$$\mathrm{Ker}(G) \cap \mathrm{Ker}(F_1) \subset \mathrm{Ker}(G) \cap \mathrm{Ker}(F_1 f_1(G)). \tag{2.83}$$

结合（2.83）、（2.81）以及 Hautus 引理可知 $(G, F_1 f_1(G))$ 可观当且仅当 (G, F_1) 可观。

引理 2.7 设 $c_2 > 0$ 是常数，$Q_1 \in \mathbb{C}^{1\times n}$，$T_1 \in \mathbb{C}^{1\times n}$ 和 $F_1 \in \mathbb{C}^{1\times n}$ 满足（2.75）。假设 2.1 和条件（2.6）成立，那么对任意的初始状态 $(\tilde{w}_2(\cdot, 0), \tilde{v}(0)) \in \mathcal{H}_1$，误差系统（2.74）存在唯一解 $(\tilde{w}_2, \tilde{v}) \in C([0, \infty); \mathcal{H}_1)$. 另外，存在不依赖于 t 的正常数 w_2 使得

$$e^{w_2 t} \| (\tilde{w}_2(\cdot, t), \tilde{v}(t)) \|_{\mathcal{H}_1} \to 0, \quad t \to \infty. \tag{2.84}$$

证明 根据引理 2.5 和命题 2.6 可知，存在向量 $L \in \mathbb{C}^{n\times 1}$ 使得 $G - LF_1$ 是 Hurwitz 阵。定义算子 $A_1 : D(A_1) \subset \mathcal{H}_1 \to \mathcal{H}_1$ 为

$$\begin{cases} A_1(f,g)=(f'',(G-LF_1)g+Lf(0)), \ \forall (f,g)\in D(A_1), \\ D(A_1)=\{(f,g)\in H^2(0,1)\times\mathbb{C}^n \mid f'(1)=0, f'(0)=c_2f(0)\}. \end{cases} \tag{2.85}$$

根据定义（2.85），系统（2.74）可以写成抽象形式

$$\dot{X}_1(t)=A_1X_1(t), \tag{2.86}$$

其中 $X_1(t)=(\widetilde{w}_2(\cdot,t),\widetilde{v}(t))^\top$。由于系统（2.74）是由指数稳定系统和有限维稳定系统构成的级联系统，根据文献[93, Lemma 5.1]可得算子 A_1 在 $\mathcal{H}_1$ 上生成指数稳定的 C_0 半群。

引理 2.8 设 $c_2>0$，$\tau>0$ 是正常数，$Q_1\in\mathbb{C}^{1\times n}$，$T_1\in\mathbb{C}^{1\times n}$ 和 $F_1\in\mathbb{C}^{1\times n}$ 满足条件（2.75）。假设 2.1 和条件（2.6）均成立，那么，对于任意的初始状态 $(w_2(\cdot,0),\phi(\cdot,0),v(0),\hat{w}_2(\cdot,0),\phi(\cdot,0),\hat{v}(0))\in\mathcal{H}\times\mathcal{H}$ 和控制 $U\in L^2_{\text{loc}}(0,\infty)$，系统（2.70）-（2.72）存在唯一解 $(w_2,\phi,v,\hat{w}_2,\phi,\hat{v})\in C([0,\infty);\mathcal{H}\times\mathcal{H})$。另外，存在不依赖于 t 的正常数 w_2 使得

$$e^{w_2t}\|(w_2(\cdot,t),-\hat{w}_2(\cdot,t),v(t)-\hat{v}(t))\|_{\mathcal{H}_1}\to 0, \quad t\to\infty. \tag{2.87}$$

证明 根据引理 2.7 可知，对初始状态

$$(\widetilde{w}_2(\cdot,0),\widetilde{v}(0))=(w_2(\cdot,0)-\hat{w}_2(\cdot,0),v(0)-\hat{v}(0)), \tag{2.88}$$

误差系统（2.74）存在唯一解 $(\widetilde{w}_2,\widetilde{v})\in C([0,\infty);\mathcal{H}_1)$ 使得

$$e^{w_2t}\|(\widetilde{w}_2(\cdot,t),\widetilde{v}(t)\|_{\mathcal{H}_1}\to 0, \quad t\to\infty, \tag{2.89}$$

其中 w_2 是不依赖于 t 的正常数。对任意初始条件 $\phi_0=\phi(\cdot,0)$，求解系统（2.70）的 ϕ-子系统可得

$$\phi(x,t)=\begin{cases}\phi_0\left(x-\dfrac{t}{\tau}\right), & \tau x\geq t,\\ U(t-\tau x), & \tau x<t.\end{cases} \tag{2.90}$$

那么对任意 $(w_2(\cdot,0),\phi(\cdot,0),v(0))\in\mathcal{H}$ 和控制 $U\in L^2_{\text{loc}}(0,\infty)$，系统（2.70）存在唯一解 $(w_2,\phi,v)\in C([0,\infty);\mathcal{H})$。根据可逆变换（2.73），定义

$$\begin{cases}\hat{w}_2(x,t)=w_2(x,t)-\widetilde{w}_2(x,t),\\ \hat{v}(t)=v(t)-\widetilde{v}(t).\end{cases} \tag{2.91}$$

结合（2.90）和（2.91），对任意的 $(w_2(\cdot,0),\phi(\cdot,0),v(0),\hat{w}_2(\cdot,0),\phi(\cdot,0),\hat{v}(0))\in\mathcal{H}\times\mathcal{H}$，系统（2.70）－（2.72）存在唯一解 $(w_2,\phi,v,\hat{w}_2,\phi,\hat{v})\in C([0,\infty);\mathcal{H}\times\mathcal{H})$。根据（2.89）可得，存在不依赖于 t 的正常数 w_2 使得

$$e^{w_2 t}\|(w_2(\cdot,t)-\hat{w}_2(\cdot,t),v(t)-\hat{v}(t))\|_{\mathcal{H}_1}\to 0,\quad t\to\infty. \tag{2.92}$$

定理 2.9　设 $c_2>0$，$\tau>0$ 是常数，$Q_i\in\mathbb{C}^{1\times n}$，$i=1,2$，$F\in\mathbb{C}^{1\times n}$，$L\in\mathbb{C}^{n\times 1}$，矩阵函数 $\Psi_2(\cdot)$ 由（2.66）定义，$T_1\in\mathbb{C}^{1\times n}$ 和 $T_2\in\mathbb{C}^{1\times n}$ 由注记 2.10 中的（2.97）定义。假设 2.1 和条件（2.6）成立，那么对任意初始状态

$$(w(\cdot,0),\phi(\cdot,0),v(0),\hat{w}(\cdot,0),\phi(\cdot,0),\hat{v}(0))\in\mathcal{H}\times\mathcal{H} \tag{2.93}$$

和控制 $U\in L^2_{\mathrm{loc}}(0,\infty)$，系统（2.13）的观测器（2.64）存在唯一解

$$(w,\ \phi,\ v,\hat{w},\ \phi,\hat{v})\in C([0,\infty);\ \mathcal{H}\times\mathcal{H}).\tag{2.94}$$

另外，存在不依赖于 t 的正常数 w_3 使得

$$e^{w_3 t}\|(w(\cdot,t)-w(\cdot,t),\ v(t)-\hat{v}(t))\|_{\mathcal{H}_1}\to 0,\quad t\to\infty.\tag{2.95}$$

证明 根据引理 2.8 可得 $\hat{w}_2(\cdot,t)$ 和 $\hat{v}(t)$ 分别是 $w_2(\cdot,t)$ 和 $v(t)$ 的估计。考虑（2.69）和（2.71），易得 $\hat{w}(\cdot,t)$ 和 $\hat{v}(t)$ 分别是 $w(\cdot,t)$ 和 $v(t)$ 的估计。

对任意初始状态 $(w(\cdot,0),\ \phi(\cdot,0),\ v(0))\in\mathcal{H}$ 和控制 $U\in L^2_{\mathrm{loc}}(0,\infty)$，控制系统（2.13）存在唯一解 $(w,\ \phi,\ v)\in C([0,\infty);\ \mathcal{H})$．通过引理 2.8 可知，系统（2.72）和系统（2.70）是适定的，由（2.69）和（2.71）可得（2.94）成立。结合（2.69），（2.87）和（2.71）可得（2.95）成立。

注记 2.10 这里给出观测器（2.64）中 T_1，T_2 和 F_1 的定义。具体来说，在满足条件 $\Psi'_2(1)=Q_2$ 的情况下求解（2.75），即求解方程组

$$\begin{cases}\Psi'_2(1)=Q_2,\\ Q_1-T_1-c_2F_1=0,\end{cases}\tag{2.96}$$

其中 $\Psi_2(\cdot)$ 由（2.65）定义，$F_1=F-T_2$。通过简单计算有

$$\begin{cases}T_1=[(Q_1-c_2F)(f_1(G)-c_2\cosh\tilde{G})+c_2Q_2][f_1(G)]^{-1},\\ T_2=[Q_2-(Q_1-c_2F)\cosh\tilde{G}][f_1(G)]^{-1},\\ f_1(G)=c_2\cosh\tilde{G}+\tilde{G}\sinh\tilde{G},\tilde{G}^2=G,\end{cases}\tag{2.97}$$

其中$f_1(G)$是可逆的（见引理 2.5）。根据（2.97）和$F_1=F-T_2$可得F_1的表达式如下：

$$F_1=[F\widetilde{G}\sinh\widetilde{G}-Q_2+Q_1\cosh\widetilde{G}\ [f_1(G)]^{-1}. \tag{2.98}$$

2.4　本章小结

本章主要考虑带有输入时滞，未知干扰和非同位结构的一维热方程的性能输出跟踪问题。输入时滞的出现使得问题比没有时滞时[71]更加复杂，需要运用其他方法来解决问题。本章通过 backstepping 变换解决时滞带来的问题。为避免 backstepping 变换在数学上的不严谨性，本章使用算子形式来完成控制器的设计过程，这也是本章的亮点之一。非同位结构带来的困难通过两次可逆变换得以解决。运用内模原理解决部分结构信息已知的外部干扰带来的困难。本章通过设计全状态反馈控制器实现输出指数跟踪参考信号，设计基于误差的观测器并成功估计系统状态和外部干扰，最后证明观测器的指数收敛性以及闭环系统的指数稳定性。

第 3 章
带有时滞和边界干扰的不稳定热方程的性能输出跟踪

3.1　研究背景与问题描述

在第 2 章所研究的热系统中左边界条件是热流边界条件，也就是诺依曼边界条件。当不含干扰时，该系统中热量在表面各点的流速为零，是相对理想化的物理模型。相比于第 2 章，第 3 章研究具有对流换热边界条件的热系统，该系统是工程控制中更为普遍存在的系统。系统中对流换热系数的数值与换热过程中系统的物理性质有很大的关系，边界对流换热项在特殊情况下会造成系统不稳定。那么，带有时滞和边界干扰的不稳定热系统是否还能实现输出跟踪参考信号的目的呢？

基于以上考虑，本章主要研究如下热方程的性能输出跟踪问题：

$$\begin{cases} w_t(x,t)=w_{xx}(x,t), & 0<x<1,\ t>0, \\ w_x(0,t)=-qw(0,t)+d_1(t), & t\geqslant 0, \\ w_x(1,t)=u(t-\tau)+d_2(t), & t\geqslant 0, \\ y_p(t)=w(0,t), & t\geqslant 0, \end{cases} \tag{3.1}$$

其中 $q\in\mathbb{R}^n$，w 是系统状态，$d_i(t)$，$i=1,2$ 是外部干扰，y_p 是性能输出，u 是控制输入，$\tau>0$ 代表时滞。当 $q>0$ 时，不加控制和干扰的系统（3.1）会变成不稳定系统。本章的目标是：对任意给定的参考信号 $y_{ref}(t)$，构造反馈控制

使得

$$|y_e(t)|=|y_{ref}(t)-y_p(t)|\to 0,\quad t\to\infty,\tag{3.2}$$

其中 $y_e(t)$ 是跟踪误差。设计控制器时能用到的量测仅有跟踪误差$y_e(t)$。类似于文献[71] 和[88] 中的输出调节问题，设参考信号 y_{ref} 和干扰 d 由如下有限维外系统生成：

$$\begin{cases}\dot{v}(t)=Gv(t), & t\geqslant 0,\\ d_i(t)=Q_iv(t), & t\geqslant 0,\\ y_{ref}(t)=Fv(t), & t\geqslant 0,\end{cases}\tag{3.3}$$

其中 $G\in\mathbb{C}^{n\times n}$，$F\in\mathbb{C}^{1\times n}$，$Q_i\in\mathbb{C}^{1\times n}$，$i=1$，2 是已知矩阵。外系统（3.1）的初值 $v(0)$ 未知，显然干扰 d_i 和参考信号 y_{ref} 是未知的。当控制输入 $u(t-\tau)\equiv 0$ 时，系统（3.1）和系统（3.3）可以表示为级联观测系统

$$\begin{cases}w_t(x,t)=w_{xx}(x,t),\\ w_x(0,t)=-qw(0,t)+Q_1v(t),\\ w_x(1,t)=Q_2v(t),\\ \dot{v}(t)=Gv(t),\\ y_e(t)=Fv(t)-w(0,t).\end{cases}\tag{3.4}$$

类似于文献[63]，在输出跟踪问题（3.1）和（3.3）中，假设

$$(G,(Q_1-qF)\cosh\widetilde{G}+F\widetilde{G}\sinh\widetilde{G}-Q_2)\ \text{可观},\ \widetilde{G}^2=G.\tag{3.5}$$

在其他研究输出调节的文章中，总是假设系统（3.4）近似可观，这里指出条件（3.5）不强于系统（3.4）近似可观这个条件。事实上，通过 Hautus 引理[80, Proposition 5.1]，当条件（3.5）不成立时，存在 $\lambda\in\sigma(G)$ 和 $0\neq\eta\in\mathbb{C}^n$ 使得

$$[(Q_1-qF)\cosh G+FG\sinh G-Q_2]\eta=0 \text{ 和 } G\eta=\lambda\eta. \tag{3.6}$$

如果定义

$$v(t)=e^{\lambda t}\eta \tag{3.7}$$

和

$$w(x,t)=[F\cosh(x\widetilde{G})+(Q_1-qF)x\mathcal{G}(x\widetilde{G})]v(t), \tag{3.8}$$

其中

$$\mathcal{G}(s)=\begin{cases}\dfrac{\sinh s}{s}, & s\neq 0,\ s\in\mathbb{C},\\ 1, & s=0,\end{cases} \tag{3.9}$$

简单计算可知由（3.7）和（3.8）定义的（w，v）是系统（3.4）的非零解。但是在可观性假设，定义（3.7），（3.8）的条件下，有

$$y_e(t)=Fv(t)-w(0,t)=Fv(t)-Fv(t)\equiv 0. \tag{3.10}$$

（3.10）意味着系统（3.4）不是近似可观的。式子（3.5）和（3.8）中出现的矩阵 $\cosh\widetilde{G}$，$\sinh\widetilde{G}$，$\mathcal{G}(x\widetilde{G})$ 在文献[63]中曾经使用过，可以由文献[83,p. 3,Definition 1.2]定义，所以本章的假设和定义均是合理的。

受文献[28]的启发，设

$$\phi(x,t)=u(t-\tau x),\ x\in[0,1],\ t\geqslant 0, \tag{3.11}$$

输入时滞可以动态地写为

$$\begin{cases}-\tau\phi_t(x,t)=\phi_x(x,t), & 0<x<1,\ t>0,\\ \phi(0,t)=u(t), & t\geqslant 0.\end{cases} \tag{3.12}$$

将外系统（3.3），时滞动态（3.12）代入系统（3.1），结合（3.2）可知系统（3.1）变为

$$\begin{cases} w_t(x,t)=w_{xx}(x,t), & 0<x<1,\ t>0, \\ w_x(0,t)=-qw(0,t)+Q_1v(t), & t\geqslant 0, \\ w_x(1,t)=\phi(1,t)+Q_2v(t), & t\geqslant 0, \\ -\tau\phi_t(x,t)=\phi_x(x,t), & 0<x<1,\ t>0, \\ \phi(0,t)=u(t), & t\geqslant 0, \\ \dot{v}(t)=Gv(t), & t\geqslant 0, \\ y_e(t)=Fv(t)-w(0,t), & t\geqslant 0. \end{cases} \tag{3.13}$$

接下来将在状态空间$\mathcal{H}=L^2(0,1)\times L^2(0,1)\times\mathbb{C}^n$中研究系统（3.13）。由于时滞可以动态地表示为传输方程，带有时滞的热方程的控制问题可以看作PDE-PDE级联系统的控制问题。本章首先设计全状态反馈实现输出跟踪，然后设计基于误差的观测器，这个观测器能同时估计系统状态和干扰。由于线性系统的分离性原理，通过状态反馈和观测器设计，可以得到系统的输出反馈调节。在这一章，假设以下条件成立：

假设 3.1 矩阵 $G\in\mathbb{C}^{n\times n}$ 满足

$$\sigma(G)\subset\{\lambda\mid \mathrm{Re}\lambda\geqslant 0\}. \tag{3.14}$$

注记 3.2 这一章中，假设 3.1 有以下 3 方面的作用：

（1）使输出跟踪问题（3.13）有意义，即，当 $t\to\infty$ 时，干扰 $Q_1v(t)$，$Q_2v(t)$ 和参考信号 $y_{ref}(t)=Fv(t)$ 存在；

（2）使变换（3.20），（3.23），（3.63）和（3.66）有意义。与此同时，假设 3.1 是定理 3.4 和定理 3.8 成立的充分条件；

（3）使所有干扰 $Q_iv(t)$，$i=1,2$ 和参考信号 $y_{ref}(t)$ 都由谐波信号的有限和产生[88]。

3.2　状态反馈

3.2.1　控制器设计

本节将设计系统（3.13）的全状态反馈以达到输出跟踪目标（3.2）。系统（3.13）中，干扰 $Q_1v(t)$，$Q_2v(t)$ 和控制 $u(t)$ 不在同一控制通道内。因此，需要构造辅助系统将干扰和控制输入转变到同一通道内。设辅助系统 $\rho_1(x, t)$ 满足

$$\begin{cases}\rho_{1t}(x, t)=\rho_{1xx}(x, t), & x\in(0, 1), t>0,\\ \rho_1(0, t)=Fv(t), & t\geqslant 0,\\ \rho_{1x}(0, t)=(Q_1-qF)v(t), & t\geqslant 0.\end{cases} \tag{3.15}$$

系统（3.15）存在级数形式的特解：

$$\rho_1(x, t)=\sum_{n=0}^{\infty}\alpha_n(t)\frac{x^n}{n!}, \quad x\in[0, 1], t\geqslant 0, \tag{3.16}$$

将（3.16）代入系统（3.15）可得系数 $\alpha_n(t)$ 满足

$$\begin{cases}\dot{\alpha}_n(t)=\alpha_{n+2}(t),\\ \alpha_0(t)=Fv(t),\\ a_1(t)=(Q_1-qF)v(t).\end{cases} \tag{3.17}$$

因此，

$$\rho_1(x, t)=\sum_{n=0}^{\infty}Fv^{(n)}(t)\frac{x^{2n}}{n!}+\sum_{n=0}^{\infty}(Q_1-qF)v^{(n)}(t)\frac{x^{2n+1}}{(2n+1)!}$$

$$=F\left(\sum_{n=0}^{\infty}\frac{G^n x^{2n}}{(2n)!}\right)v(t)+(Q_1-qF)\left(\sum_{n=0}^{\infty}\frac{G^n x^{2n+1}}{(2n+1)!}\right)v(t). \tag{3.18}$$

如果定义

$$\mathcal{G}(s)=\sum_{n=0}^{\infty}\frac{s^{2n}}{(2n+1)!}=\begin{cases}\frac{\sinh s}{s}, & s\neq 0,\\ 1, & s=0,\end{cases} \tag{3.19}$$

那么$\rho_1(x,t)$可以表示为

$$\rho_1(x,t)=\Psi_1(x)v(t),\ x\in[0,1],\ t\geqslant 0, \tag{3.20}$$

其中

$$\begin{aligned}\Psi_1(x)&=F\left(\sum_{n=0}^{\infty}\frac{G^n x^{2n}}{(2n)!}\right)+(Q_1-qF)\left(\sum_{n=0}^{\infty}\frac{G^n x^{2n+1}}{(2n+1)!}\right)\\&=F\cosh(x\tilde{G})+(Q_1-qF)x\mathcal{G}(x\tilde{G}),\ \tilde{G}^2=G,\end{aligned} \tag{3.21}$$

其中矩阵 cosh $(x\tilde{G})$ 和$\mathcal{G}(x\tilde{G})$ 由文献[83, p. 3, Definition 1.2] 定义。根据（3.13），设辅助系统$\rho(x,t)$满足

$$\begin{cases}\rho_t(x,t)=\rho_x(x,t),\\ \rho(0,t)=(\Psi'_1(1)-Q_2)e^{\tau G}v(t).\end{cases} \tag{3.22}$$

类似于（3.18）的表示，$\rho(x,t)$可以表示为

$$\rho(x,t)=\Phi(x)v(t),\ x\in[0,1],\ t\geqslant 0, \tag{3.23}$$

其中

$$\Phi(x)=(\Psi'_1(1)-Q_2)e^{\tau G}e^{-\tau Gx}. \tag{3.24}$$

根据（3.15），（3.20），（3.22）和（3.23）可得（Ψ_1，Φ）满足

$$\begin{cases}\Psi''_1(x)=\Psi_1(x)G,\\ \Psi_1(0)=F,\\ \Psi'_1(0)=Q_1-qF,\\ \Phi'(x)=-\tau\Phi(x)G,\\ \Phi(0)=[\Psi'_1(1)-Q_2]e^{\tau G}\end{cases}\tag{3.25}$$

和 $\Phi(1)=\Psi'_1(1)-Q_2$。为便于设计控制器需要消除干扰的影响，为此构造如下变换：

$$\begin{cases}w_1(x,t)=w(x,t)-\Psi_1(x)v(t),\\ \phi_1(x,t)=\phi(x,t)-\Phi(x)v(t),\end{cases}\tag{3.26}$$

其中（Ψ_1，Φ）由系统（3.25）定义。根据（3.13），（3.25）和（3.26）可得

$$\begin{cases}w_{1t}(x,t)=w_{1xx}(x,t),\\ w_{1x}(0,t)=-qw_1(0,t),\\ w_{1x}(1,t)=\phi_1(1,t),\\ -\tau\phi_{1t}(x,t)=\phi_{1x}(x,t),\\ \phi_1(0,t)=u(t)-[\Psi'_1(1)-Q_2]e^{\tau G}v(t),\\ y_e(t)=-w_1(0,t).\end{cases}\tag{3.27}$$

系统（3.27）中，$-[\Psi'_1(1)-Q_2]e^{\tau G}v(t)$ 位于 ϕ_1-子系统的 $x=0$ 端，跟踪误差 $y_e(t)$ 变为 w_1-热系统的输出 $y_e(t)=-w_1(0,t)$，也就是说，输出跟踪问题（3.13）变成镇定问题（3.27）。因此接下来只需要镇定系统（3.27）即可。根据估计/消除策略，控制器可以设计为

$$u(t)=[\Psi'_1(1)-Q_2]e^{\tau G}v(t)+u_1(t),\tag{3.28}$$

其中第一项 $[\Psi'_1(1)-Q_2]e^{\tau G}v(t)$ 用以补偿 $-[\Psi'_1(1)-Q_2]e^{\tau G}v(t)$，第二项 $u_1(t)$ 是需要设计的新控制器。事实上，结合（3.28）和（3.27）可知 $u_1(t)$ 是系统

$$\begin{cases} w_{1t}(x,t)=w_{1xx}(x,t), \\ w_{1x}(0,t)=-qw_1(0,t), \\ w_{1x}(1,t)=\phi_1(1,t), \\ -\tau\phi_{1t}(x,t)=\phi_{1x}(x,t), \\ \phi_1(0,t)=u_1(t), \\ y_e(t)=-w_1(0,t) \end{cases} \tag{3.29}$$

的控制器。接下来将在状态空间 $\mathcal{H}_0=L^2(0,1)\times L^2(0,1)$ 中设计控制器 $u_1(t)$ 镇定系统（3.29）。在系统（3.29）中，控制器作用在 ϕ_1-子系统上，没有直接作用在 w_1-子系统。因此，需要通过补偿由一阶双曲方程生成的执行动态来镇定系统（3.29），这是控制器 $u_1(t)$ 设计的难点。为此，引入如下变换：

$$\mathbf{P}\begin{pmatrix} f \\ g \end{pmatrix}=\begin{pmatrix} f-\int_0^{\cdot}k(\cdot,y)f(y)dy \\ g-\int_1^{\cdot}p(\cdot-y)g(y)dy-\int_0^1\gamma(\cdot,y)f(y)dy \end{pmatrix},$$

$$\forall\ (f,g)\in\mathcal{H}_0, \tag{3.30}$$

其中核函数 k，γ 和 p 分别由如下系统生成：

$$\begin{cases} k_{xx}(x,y)-k_{yy}(x,y)=c_1k(x,y), & 0<y\leq x<1, \\ k(x,x)=\dfrac{c_1}{2}(1-x), & 0<x<1, \\ k_y(x,0)=-qk(x,0), & 0<x<1, \end{cases} \tag{3.31}$$

$$\begin{cases} \gamma_x(x, y) + \tau\gamma_{yy}(x, y) = 0, & (x, y) \in [0, 1] \times (0, 1), \\ \gamma_y(x, 0) = -q\gamma(x, 0), & 0<x<1, \\ \gamma_y(x, 1) = 0, & 0<x<1, \\ \gamma(1, y) = k_x(1, y), & 0<y<1 \end{cases} \tag{3.32}$$

和

$$p(s) = -\tau\gamma(1+s, 1), \quad s \in [-1, 0]. \tag{3.33}$$

根据参考文献[92]，系统（3.31）是适定的。另外，系统（3.32）是一般的热方程系统，可以通过分离变量法求解。通过简单计算，算子 $\mathbf{P} \in \mathcal{L}(\mathcal{H}_0)$ 可逆，其逆为

$$\mathbf{P}^{-1}\begin{pmatrix} f \\ g \end{pmatrix} = \begin{pmatrix} f + \int_0^{\cdot} l(\cdot, y) f(y) dy \\ g + \int_1^{\cdot} q(\cdot - y) g(y) dy + \int_0^1 \vartheta(\cdot, y) f(y) dy \end{pmatrix}, \quad \forall (f, g) \in \mathcal{H}_0, \tag{3.34}$$

其中核函数 l，ϑ 和 q 分别由以下系统生成

$$\begin{cases} l_{yy}(x, y) - l_{xx}(x, y) = c_1 l(x, y), & 0<y\leqslant x<1, \\ l(x, x) = \dfrac{c_1}{2}(1-x), & 0<x<1, \\ l_y(x, 0) = c_2 l(x, 0), & 0<x<1, \end{cases} \tag{3.35}$$

$$\begin{cases} \vartheta_x(x, y) + \tau\vartheta_{yy}(x, y) = c_1\tau\vartheta(x, y), & (x, y) \in [0, 1] \times (0, 1), \\ \vartheta_y(x, 0) = c_2\vartheta(x, 0), & 0<x<1, \\ \vartheta_y(x, 1) = 0, & 0<x<1, \\ \vartheta(1, y) = l_x(1, y), & 0<y<1 \end{cases} \tag{3.36}$$

和

$$q(s) = -\tau\vartheta(1+s, 1). \tag{3.37}$$

令

$$(\varepsilon(\cdot, t), z(\cdot, t))^{\top} = \mathbf{P}(w_1(\cdot, t), \phi_1(\cdot, t))^{\top}, \tag{3.38}$$

根据变换（3.38），系统（3.29）变为：

$$\begin{cases} \varepsilon_t(x, t) = \varepsilon_{xx}(x, t) - c_1\varepsilon(x, t), \\ \varepsilon_x(0, t) = c_2\varepsilon(0, t) \\ \varepsilon_x(1, t) = z(1, t), \\ -\tau z_t(x, t) = z_x(x, t), \\ z(0, t) = u_1(t) - \tau\int_0^1 \gamma(1-y, 1)\phi_1(y, t)dy - \\ \qquad \int_0^1 \gamma(0, y) w_1(y, t) dy. \end{cases} \tag{3.39}$$

根据目标系统

$$\begin{cases} \varepsilon_t(x, t) = \varepsilon_{xx}(x, t) - c_1\varepsilon(x, t), \\ \varepsilon_x(0, t) = c_2\varepsilon(0, t), \\ \varepsilon_x(1, t) = z(1, t), \\ -\tau z_t(x, t) = z_x(x, t), \\ z(0, t) = 0, \end{cases} \tag{3.40}$$

其中 $c_1 \geqslant \bar{c}_2^2$，$c_2 = \max\left\{0, \frac{c_1}{2}+q\right\}$，控制器 u_1 设计为

$$u_1(t)=\tau\int_0^1\gamma(1-y,1)\phi_1(y,t)dy+\int_0^1\gamma(0,y)w_1(y,t)dy. \tag{3.41}$$

根据（3.28）和（3.41），控制器$u(t)$设计为

$$u(t)=[\Psi'_1(1)-Q_2]e^{\tau G}v(t)+\tau\int_0^1\gamma(1-y,1)\phi_1(y,t)dy+\int_0^1\gamma(0,y)w_1(y,t)dy. \tag{3.42}$$

根据（3.42），系统（3.27）的闭环系统为

$$\begin{cases}w_{1t}(x,t)=w_{1xx}(x,t),\\ w_{1x}(0,t)=-qw_1(0,t),\\ w_{1x}(1,t)=\phi_1(1,t),\\ -\tau\phi_{1t}(x,t)=\phi_{1x}(x,t),\\ \phi_1(0,t)=\tau\int_0^1\gamma(1-y,1)\phi_1(y,t)dy+\int_0^1\gamma(0,y)w_1(y,t)dy,\\ y_e(t)=-w_1(0,t),\end{cases} \tag{3.43}$$

其中γ由（3.32）定义。

3.2.2　主要结果证明

引理 3.3 设$\tau>0$，γ由（3.32）定义，那么对任意的初始状态$(w_1(\cdot,0),\phi_1(\cdot,0))\in\mathcal{H}_0$，闭环系统（3.43）存在唯一解$(w_1,\phi_1)\in C([0,\infty);\mathcal{H}_0)$使得

$$e^{w_1 t}\|(w_1(\cdot,t),\phi_1(\cdot,t))\|_{\mathcal{H}_0}\to 0,\quad t\to\infty, \tag{3.44}$$

其中 $w_1>0$ 是不依赖于 t 的正常数。另外，存在不依赖于 t 的正常数 $w_2>0$ 使得调节误差 $y_e(t)=-w_1(0,t)$ 满足

$$e^{w_2 t}|y_e(t)|\to 0,\quad t\to\infty. \tag{3.45}$$

证明 定义算子 $A: D(A)\subset\mathcal{H}_0\to\mathcal{H}_0$

$$\begin{cases} A(f,g)=\left(f'',-\dfrac{1}{\tau}g'\right),\ \forall (f,g)\in D(A), \\ D(A)=\{(f,g)\in H^2(0,1)\times H^1(0,1)\mid f'(0) \\ \qquad =-qf(0),\ f'(1)=g(1), \\ g(0)\quad =\displaystyle\int_0^1\gamma(0,\cdot)fdy+\tau\int_0^1\gamma(1-\cdot,1)gdy\}. \end{cases} \tag{3.46}$$

根据定义（3.46），闭环系统（3.43）可以写成抽象形式

$$\dot{X}(t)=AX(t),\ X(t)=(w_1(\cdot,t),\phi_1(\cdot,t))^\top. \tag{3.47}$$

定义算子 $A_1: D(A_1)\subset\mathcal{H}_0\to\mathcal{H}_0$

$$\begin{cases} A_1(f,g)=\left(f''-c_1 f,-\dfrac{1}{\tau}g'\right),\ \forall (f,g)\in D(A_1), \\ D(A_1)=\{(f,g)\in H^2(0,1)\times H^1(0,1)\mid f'(0) \\ \qquad =c_2 f(0),\ f'(1) \\ \qquad =g(1),\ g(0)=0\}. \end{cases} \tag{3.48}$$

根据定义（3.48），系统（3.43）可以写为抽象形式

$$\dot{X}_1(t)=A_1X_1(t),\ X_1(t)=(\varepsilon(\cdot,t),z(\cdot,t))^\top. \tag{3.49}$$

通过简单计算可得：

$$\mathbf{P}A\mathbf{P}^{-1}=A_1 \text{ 和 } \mathbf{P}D(A)=D(A_1), \tag{3.50}$$

其中 $\mathbf{P}$ 由（3.30）定义，根据（3.50），如果可以证明算子 A_1 在 $\mathcal{H}_0$ 上生成指数稳定的 C_0-半群，那么定理的结论（3.44）成立。由于系统（3.40）是由两个指数稳定系统构成的级联系统，根据文献[93, Lemma 5.1] 可得由系统（3.48）定义的算子 A_1 在 $\mathcal{H}_0$ 上生成指数稳定的 C_0-半群。另外，通过（3.30）和（3.38）可得

$$\varepsilon(x,t)=w_1(x,t)-\int_0^x k(x,y)w_1(y,t)dy,\ x\in[0,1]. \tag{3.51}$$

显然有

$$-\varepsilon(0,t)=-w_1(0,t)=y_e(t). \tag{3.52}$$

因此，收敛性（3.45）成立当且仅当

$$e^{w_2 t}|\varepsilon(0,t)|\to 0,\quad t\to\infty, \tag{3.53}$$

其中 w_2 是不依赖于 t 的正常数。因为系统（3.40）的 z-子系统是传输方程，那么 u-子系统在 $t>\tau$ 时变成带有齐次边界条件的热方程。因此，只需要考虑系统

$$\begin{cases}\varepsilon_t(x,t)=\varepsilon_{xx}(x,t)-c_1\varepsilon(x,t),\\ \varepsilon_x(0,t)=c_2\varepsilon(0,t),\\ \varepsilon_x(1,t)=0\end{cases} \tag{3.54}$$

的指数稳定性。由于系统（3.54）是指数稳定系统[92]，根据文献[94]，存在不依赖于 t 的正常数 $w_2>0$ 使得

$$e^{w_2 t}\ |\varepsilon(0,t)|\to 0,\quad t\to\infty. \tag{3.55}$$

现在设计原始系统（3.13）的控制器。根据（3.42）和可逆变化（3.26），系统（3.13）的控制器设计为

$$u(t)=[\Psi'_1(1)-Q_2]e^{\tau G}v(t)+\tau\int_0^1\gamma(1-y,1)[\phi(y,t)-\Phi(y)v(t)]dy+\int_0^1\gamma(0,y)[w(y,t)-\Psi_1(y)v(t)]dy. \tag{3.56}$$

根据控制器（3.56）可以得到系统（3.13）的闭环系统

$$\begin{cases}\dot{v}(t)=Gv(t),\\ w_t(x,t)=w_{xx}(x,t),\\ w_x(0,t)=-qw(0,t)+Q_1v(t),\\ w_x(1,t)=\phi(1,t)+Q_2v(t),\\ -\tau\phi_t(x,t)=\phi_x(x,t),\\ \phi(0,t)=[\Psi'_1(1)-Q_2]e^{\tau G}v(t)+\\ \qquad\tau\int_0^1\gamma(1-y,1)[\phi(y,t)-\Phi(y)v(t)]dy+\\ \qquad\int_0^1\gamma(0,y)[w(y,t)-\Psi_1(y)v(t)]dy,\\ y_e(t)=Fv(t)-w(0,t),\end{cases} \tag{3.57}$$

其中（Ψ_1，Φ）和γ分别由（3.25）和（3.32）定义。

定理 3.4 设$\tau>0$，$Q_i\in\mathbb{C}^{1\times n}$，$i=1,2$，$F\in\mathbb{C}^{1\times n}$，（$\Psi_1$，$\Phi$）和$\gamma$分别由（3.25）和（3.32）定义。假设（3.14）成立，那么对于任意初始状态（$w(\cdot,0)$，$\phi(\cdot,0)$，$v(0)$）$\in\mathcal{H}$，闭环系统（3.57）存在唯一解（w，ϕ，v）$\in C([0,\infty);\mathcal{H})$使得调节误差$y_e(t)=Fv(t)-w(0,t)$满足

$$e^{w_2 t}\ |y_e(t)|\to 0,\quad t\to\infty, \tag{3.58}$$

其中 $w_2>0$ 是不依赖于 t 的正常数。另外，如果 $\sup_{t\in[0,\infty]}\|v(t)\|_{\mathbb{C}^n}<+\infty$，那么系统（3.57）的状态是一致有界的，即

$$\sup_{t\in[0,\infty)}\|(w(\cdot,t),\phi(\cdot,t),v(t)\|_{\mathcal{H}}\leqslant+\infty. \tag{3.59}$$

证明 闭环系统（3.57）中 v-子系统与 w-ϕ-子系统是相互独立的，显然 ODE 系统 v-子系统存在唯一解。根据引理 3.3，对任意的初始状态 $(w_1(\cdot,0),\phi_1(\cdot,0))\in C([0,\infty);\mathcal{H}_0)$，系统（3.43）存在唯一的指数稳定解 $(w_1,\phi_1)\in\mathbb{C}([0,\infty);\mathcal{H}_0)$ 满足（3.44）式。根据可逆变化（3.26），如果定义

$$\begin{cases}w(x,t)=w_1(x,t)+\Psi_1(x)v(t),\\ \phi(x,t)=\phi_1(x,t)+\Phi(x)v(t),\end{cases} \tag{3.60}$$

那么对于任意初始状态 $(w(\cdot,0),\phi(\cdot,0),v(0))\in\mathcal{H}$，$(w,\phi,v)$ 是系统（3.57）的唯一解。简单计算可得

$$|y_e(t)|=|Fv(t)-w(0,t)|=|w_1(0,t)|, \tag{3.61}$$

结合（3.45）可知（3.58）成立。最后，通过（3.60）和假设 $\sup_{t\in[0,\infty)}\|v(t)\|_{\mathbb{C}^n}<+\infty$ 可知一致有界性（3.59）成立。

3.3 观测器

3.3.1 基于误差的观测器设计

在设计系统（3.13）的观测器之前，需要将干扰和测量误差分离。首先构造辅助系统使得干扰同时出现在方程和输出中。设辅助系统

$$\begin{cases}\rho_{2t}(x,t)=\rho_{2xx}(x,t),\\ \rho_{2x}(0,t)=T_1v(t),\\ \rho_2(0,T)=T_2v(t),\end{cases}\tag{3.62}$$

其中 T_1，T_2 是 n 维调节向量。类似于上一节的计算，根据分离变量法，可设

$$\rho_2(x,t)=\Psi_2(x)v(t),\tag{3.63}$$

其中 $\Psi_2(\cdot)$：$[0,1]\to\mathbb{C}^n$ 是向量值函数。将（3.63）代入系统（3.62）可知

$$\begin{cases}\Psi''_2(x)=\Psi_2(x)G,\\ \Psi'_2(0)=T_1,\\ \Psi_2(0)=T_2.\end{cases}\tag{3.64}$$

另外，Ψ_2 可以解析的表示为：

$$\Psi_2(x)=T_1x\mathcal{G}(xG^{\frac{1}{2}})+T_2\cosh(xG^{\frac{1}{2}}),\tag{3.65}$$

其中$\mathcal{G}(\cdot)$由（3.9）定义，为便于设计观测器，定义如下变化

$$w_2(x,t)=w(x,t)-\Psi_2(x)v(t),\tag{3.66}$$

其中 $\Psi_2(\cdot)$ 由（3.64）定义。如果假设 $\Psi'_2(1)=Q_2$，根据（3.64）和（3.66），系统（3.13）变为：

$$
\begin{cases}
w_{2t}(x,t)=w_{2xx}(x,t),\\
w_{2x}(0,t)=-qw_2(0,t)+[Q_1-q\Psi_2(0)-\Psi'_2(0)]v(t),\\
w_{2x}(1,t)=\phi(1,t),\\
-\tau\phi_t(x,t)=\phi_x(x,t),\\
\phi(0,t)=u(t),\\
\dot{v}(t)=Gv(t),\\
y_e(t)=F_1v(t)-w_2(0,t),
\end{cases}
\tag{3.67}
$$

其中 $F_1=F-T_2$，$T_1\in\mathbb{C}^{1\times n}$，$T_2\in\mathbb{C}^{n\times 1}$ 是调节向量。系统（3.67）和（3.13）虽然形式上是一样的，但是在（3.67）中，位于 w_2-子系统中 $x=0$ 端的 $[Q_1-q\Psi_2(0)-\Psi'_2(0)]v(t)$ 是可调节的。首先系统（3.67）的观测器设计为

$$
\begin{cases}
\hat{w}_{2t}(x,t)=\hat{w}_{2xx}(x,t),\\
\hat{w}_{2x}(0,t)=\beta[y_e(t)+\hat{w}_2(0,t)]-q\hat{w}_2(0,t),\\
\hat{w}_{2x}(1,t)=\phi(1,t),\\
-\tau\phi_t(x,t)=\phi_x(x,t),\\
\phi(0,t)=u(t),\\
\dot{\hat{v}}(t)=G\hat{v}(t)+L[y_e(t)-F_1\hat{v}(t)+\hat{w}_2(0,t)],
\end{cases}
\tag{3.68}
$$

其中 $\beta>q$ 是调节参数，$L\in\mathbb{C}^{n\times 1}$ 使得 $G-LF_1$ 是 Hurwitz 阵．令

$$
\begin{cases}
\tilde{w}_2(x,t)=w_2(x,t)-\hat{w}_2(x,t),\\
\tilde{v}(t)=v(t)-\hat{v}(t),
\end{cases}
\tag{3.69}
$$

那么观测误差系统为：

$$
\begin{cases}
\tilde{w}_{2t}(x, t) = \tilde{w}_{2xx}(x, t), \\
\tilde{w}_{2x}(0, t) = (\beta-q)\tilde{w}_2(0, t), \\
\tilde{w}_{2x}(1, t) = 0, \\
\dot{\tilde{v}}(t) = (G-LF_1)\tilde{v}(t) + L\tilde{w}_2(0, t),
\end{cases}
\tag{3.70}
$$

此外满足

$$
Q_1 - qT_2 - T_1 - \beta F_1 = 0. \tag{3.71}
$$

系统（3.70）的状态空间是$\mathcal{H}_1 = L^2(0, 1) \times \mathbb{C}^n$。根据 $\Psi'_2(1) = Q_2$ 和（3.71）可得

$$
\begin{cases}
T_1 = [(\beta-q)\cosh\tilde{G} + \tilde{G}\sinh\tilde{G}][f(G)]^{-1}, \\
T_2 = [Q_2 + (\beta F - Q_1)\cosh\tilde{G}][f(G)]^{-1}, \\
f(G) = (\beta-q)\cosh\tilde{G} + \tilde{G}\sinh\tilde{G}, \tilde{G}^2 = G.
\end{cases}
\tag{3.72}
$$

3.3.2 相关结果证明

引理 3.5 设 $q \in \mathbb{R}^n$，$\beta > q$ 是调节参数，$f \in \mathbb{C} \to \mathbb{C}$ 是连续函数。如果假设 3.1 成立，那么矩阵函数

$$
f(G) = (\beta-q)\cosh\tilde{G} + \tilde{G}\sinh\tilde{G}, \tilde{G}^2 = G \tag{3.73}
$$

可逆。

证明 设

$$f(\lambda_1) = (\beta-q)\cosh\tilde{\lambda}_1+\tilde{\lambda}_1\sinh\tilde{\lambda}_1, \tilde{\lambda}_1^2=\lambda_1, \quad \forall \lambda_1\in\mathbb{C}. \tag{3.74}$$

考虑算子

$$\begin{cases} A_2f=f'', \quad \forall f\in D(A_2), \\ D(A_2) = \{f\in H^2(0,1) \mid f'(0) = (\beta-q)f(0), f'(1)=0\}. \end{cases} \tag{3.75}$$

令

$$A_2f=\lambda_1 f, \quad \forall \lambda_1\in\sigma(A_2), \tag{3.76}$$

根据定义（3.75）可得

$$\begin{cases} f''=\lambda_1 f, \\ f'(0) = (\beta-q)f(0), \\ f'(1)=0. \end{cases} \tag{3.77}$$

根据常微分方程理论可得

$$f(x) = a_1e^{\tilde{\lambda}_1x}+a_2e^{-\tilde{\lambda}_1x}, \tilde{\lambda}_1^2=\lambda_1, \tag{3.78}$$

其中 a_i，$i=1,2$ 是复常数。将（3.78）代入（3.77）的边界条件可得

$$\begin{cases} (\tilde{\lambda}_1-\beta+q)a_1-(\tilde{\lambda}_1+\beta-q)a_2=0, \\ e^{\tilde{\lambda}_1}a_1-e^{-\tilde{\lambda}_1}a_2=0. \end{cases} \tag{3.79}$$

（3.79）有非零解当且仅当特征行列式 $\det(\Delta(\lambda_1))=0$，其中

$$\Delta(\lambda_1)=\begin{pmatrix}\tilde{\lambda}_1-\beta+q- & (\tilde{\lambda}_1+\beta-q)\\ e^{\tilde{\lambda}_1} & -e^{-\tilde{\lambda}_1}\end{pmatrix},\tilde{\lambda}_1^2=\tilde{\lambda}_1. \tag{3.80}$$

简单计算特征方程为

$$\det(\Delta(\lambda_1))=\tilde{\lambda}_1\sinh\tilde{\lambda}_1+(\beta-q)\cosh\tilde{\lambda}_1=0,\tilde{\lambda}_1^2=\tilde{\lambda}_1,\quad \forall\lambda_1\in\sigma(A_2). \tag{3.81}$$

因此，矩阵函数$f(G)$可逆。

引理 3.6 设$q\in\mathbb{R}^n$，$\beta>q$是调节参数，$Q_1\in\mathbb{C}^{1\times n}$，$T_1\in\mathbb{C}^{1\times n}$和$F_1\in\mathbb{C}^{1\times n}$满足（3.71），假设3.1和条件（3.5）成立，那么对任意初始状态$(\tilde{w}_2(\cdot,0),\tilde{v}(0))\in\mathcal{H}_1$，误差系统（3.70）存在唯一解$(\tilde{w}_2,\tilde{v})\in C([0,\infty);\mathcal{H}_1)$，另外，存在不依赖于$t$的正常数$w_3$使得

$$e^{w_3t}\|(\tilde{w}_2(\cdot,t),\tilde{v}(t))\|_{\mathcal{H}_1}\to 0,\ t\to\infty. \tag{3.82}$$

证明 根据引理3.5和命题2.6可知，存在向量$L\in\mathbb{C}^{n\times 1}$使得$G-LF_1$是Hurwitz阵，定义算子$A_3$：$D(A_3)\subset\mathcal{H}_1\to\mathcal{H}_1$为

$$\begin{cases}A_3(f,g)=(f'',(G-LF_1)g+Lf(0)),\ \forall(f,g)\in D(A_3),\\ D(A_3)=\{(f,g)\in H^2(0,1)\times\mathbb{C}^n\mid f'(0)=\\ \qquad(\beta-q)f(0),f'(1)=0\}.\end{cases} \tag{3.83}$$

根据算子A的定义（3.83），系统（3.70）可以写成抽象形式

$$\dot{X}_2(t)=A_3X_2(t),\ X_2(t)=(\tilde{w}_2(\cdot,t),\tilde{v}(t))^\top. \tag{3.84}$$

由于系统（3.70）是由指数稳定系统和有限维系统构成的级联系统，那么算子 A_3 在$\mathcal{H}_1$ 上生成指数稳定的 C_0-半群。

引理 3.7 设 $\tau>0$ 是正常数，$q\in\mathbb{R}^n$，$\beta>q$，$Q_1\in\mathbb{C}^{1\times n}$，$T_1\in\mathbb{C}^{1\times n}$ 和 $F_1\in\mathbb{C}^{1\times n}$ 满足条件（3.71），假设 3.1 和条件（3.5）成立，那么对于任意初始状态 $(w_2(\cdot,0),\phi(\cdot,0),v(0),\hat{w}_2(,0),\phi(\cdot 0),\hat{v}(0))\in\mathcal{H}\times\mathcal{H}$和控制 $u\in L^2_{\text{loc}}(0,\infty)$，系统（3.67）和系统（3.68）存在唯一解 $(w_2,\phi,v,\hat{w}_2,\phi,\hat{v})\in C([0,\infty);\mathcal{H}\times\mathcal{H})$。另外，存在不依赖于 t 的正常数 w_3 使得

$$e^{w_3t}\|(w_2(\cdot,t)-\hat{w}_2(\cdot,t),v(t)-\hat{v}(t)\|_{\mathcal{H}_1}\to 0,\ t\to\infty. \tag{3.85}$$

证明 根据引理 3.6 可知，对初始状态

$$(\tilde{w}_2(\cdot,0),\tilde{v}(0))=(w_2(\cdot,0)-\hat{w}_2(\cdot,0),v(0)-\hat{v}(0)), \tag{3.86}$$

误差系统（3.70）存在唯一解 $(\tilde{w}_2,\tilde{v})\in C([0,\infty);\mathcal{H}_1)$ 使得

$$e^{w_3t}\|(\tilde{w}_2(\cdot,t),\tilde{v}(t)\|_{\mathcal{H}_1}\to 0,\quad t\to\infty. \tag{3.87}$$

其中 w_3 是不依赖于 t 的正常数，对任意初始状态 $\phi_0=\phi(\cdot,0)$，求解系统（3.67）的 ϕ-子系统可得

$$\phi(x,t)=\begin{cases}\phi_0\left(x-\dfrac{t}{\tau}\right), & \tau x\geqslant t,\\ u(t-\tau x), & \tau x<t.\end{cases} \tag{3.88}$$

那么对任意 $(w_2(\cdot,0),\phi(\cdot,0),v(0))\in\mathcal{H}$和控制 $u\in L^2_{\text{loc}}(0,\infty)$，系统（3.67）存在唯一解 $(w_2,\phi,v)\in C([0,\infty);\mathcal{H})$，根据可逆变化（3.69），定义

$$\begin{cases}\hat{w}_2(x,t)=w_2(x,t)-\tilde{w}_2(x,t),\\ \hat{v}(t)=v(t)-\tilde{v}(t),\end{cases}\tag{3.89}$$

结合（3.88）和（3.89），对任意（w_2（·，0），ϕ（·，0），v（0），$\hat{w}_2$（·，0），ϕ（，0），$\hat{v}$（0））$\in\mathcal{H}\times\mathcal{H}$，系统（3.67）和系统（3.68）存在唯一解（$w_2$，$\phi$，$v$，$\hat{w}_2$，$\phi$，$\hat{v}$）$\in C$［0，∞）；$\mathcal{H}\times\mathcal{H}$），根据（3.87）可得，存在不依赖于 t 的正常数 w_3 使得

$$e^{w_3t}\|(w_2(\cdot,t)-\hat{w}_2(\cdot,t),v(t)-\hat{v}(t))\|_{\mathcal{H}_1}\to 0,\quad t\to\infty.\tag{3.90}$$

现在设计系统（3.13）的观测器。根据引理 3.7，$\hat{w}_2$（·，t）和 $\hat{v}$（t）分别由 w_2（·，t）和 v（t）估计。利用可逆变换（3.66）和引理 3.7，系统（3.13）的观测器可以设计为

$$\begin{cases}\hat{w}_t(x,t)=\hat{w}_{xx}(x,t)+\Psi_2(x)L[y_e(t)-F\hat{v}(t)+\hat{w}(0,t)],\\ \hat{w}_x(0,t)=\beta[y_e(t)+\hat{w}(0,t)-T_2\hat{v}(t)]-q\hat{w}(0,t)+(qT_2+T_1)\hat{v}(t),\\ \hat{w}_x(1,t)=\phi(1,t)+\Psi'_2(1)\hat{v}(t),\\ -\tau\phi_t(x,t)=\phi_z(x,t),\\ \phi(0,t)=u(t),\\ \dot{\hat{v}}(t)=G\hat{v}(t)+L[y_e(t)-F_1\hat{v}(t)+\hat{w}_2(0,t)],\\ y_e(t)=Fv(t)-w(0,t),\end{cases}\tag{3.91}$$

其中 Ψ_2（·）由（3.64）定义，$\beta>q$ 是调节参数，$L\in\mathbb{C}^{n\times 1}$ 使得 $G-LF_1$ 是 Hurwitz 阵。

定理 3.8 设 $q\in\mathbb{R}^n$，$\tau>0$ 是常数，$\beta>q$，$G\in\mathbb{C}^{n\times n}$ 满足（3.14），$Q_i\in\mathbb{C}^{1\times n}$，$i=1$，2，$F\in\mathbb{C}^{1\times n}$，$L\in\mathbb{C}^{1\times n}$，向量值函数 Ψ_2（·）由（3.64）定义，

$T_1 \in \mathbb{C}^{1\times n}$ 和 $T_2 \in \mathbb{C}^{1\times n}$ 由（3.72）定义，条件（3.5）成立，那么对任意初始状态

$$\begin{aligned}&(w(\cdot,0),\phi(\cdot,0),v(0),\\&\hat{w}(\cdot,0),\phi(\cdot,0),\hat{v}(0))\in\mathcal{H}\times\mathcal{H}\end{aligned}\tag{3.92}$$

和控制 $u\in L^2_{\mathrm{loc}}(0,\infty)$，系统（3.13）的观测器（3.91）存在唯一解

$$(w,\phi,v)\in C((0,\infty);\mathcal{H}).\tag{3.93}$$

另外，存在不依赖于 t 的正常数 $w_4>0$ 使得：

$$e^{w_4 t}\|(w(\cdot,t)-\hat{w}(\cdot,t),v(t)-\hat{v}(t))\|_{\mathcal{H}_1}\to 0,\quad t\to\infty.\tag{3.94}$$

证明 由引理 3.7 可知 $\hat{w}_2(\cdot,t)$ 和 $\hat{v}(t)$ 分别为 $w_2(\cdot,t)$ 和 $v(t)$ 的估计。结合（3.66）可得 $\hat{w}(\cdot,t)$ 和 $\hat{v}(t)$ 分别是 $w(\cdot,t)$ 和 $v(t)$ 的估计。

对任意初始状态 $(w(\cdot,0),\phi(\cdot,0),v(0))\in\mathcal{H}$ 和控制 $u\in L^2_{\mathrm{loc}}(0,\infty)$，控制系统（3.13）存在唯一解 $(w,\phi,\sigma)\in C([0,\infty);\mathcal{H})$。由引理 3.7 可知，系统（3.67）和系统（3.68）是适定的。由（3.66）可知（3.93）成立。结合（3.13）和（3.90）可得（3.94）成立。

3.4　本章小结

本章主要考虑带有输入时滞和外部干扰的一维边界对流热方程的性能输出跟踪问题。利用一阶传输方程的特殊性，将输入时滞问题转化为 PDE-PDE 级联系统问题。通过构造合适的辅助系统解决非同位问题，同时将输出跟踪问题转变为镇定问题。本章设计全状态反馈控制器和基于误差的观测器。最后证明闭环系统指数稳定。

第 4 章

带有时滞和非同位干扰的反应扩散方程的性能输出跟踪

4.1　研究背景与问题描述

时滞的出现会破坏系统的稳定性并引起周期性震荡[95]。在偏微分方程中关于时滞的研究有很多[28,96,97,98]。文献[23]通过 PDE backstepping 方法解决带有时滞的不稳定热方程的镇定问题。PDE backstepping 方法是解决时滞问题的强大方法，通过该方法还可以镇定带有时滞的反应扩散方程[24,70,99]。预测反馈法是另一种解决带有时滞动态的不稳定热方程的有效方法[24]。文献[86]针对带有时滞的线性反应扩散偏微分方程，利用谱截断技术构造全状态 PI 调节控制器。近年来，性能输出跟踪是控制理论中的热门研究方向，被越来越多的研究者注意到[87,100,101]。内模原理是处理输出跟踪和输出调节最有力的系统性方法之一，文献[47,102,103]中系统地研究集中参数系统的输出跟踪问题。文献[51,53]及其参考文献对抽象无穷维正则线性系统进行广泛的研究。从抽象理论到偏微分方程的应用通常需要证明 Sylvester 方程解的存在性，这是一项艰难的工作[51]。最近的一项研究表明，调节问题可以通过构造调节方程的特殊解来解决[49,104]。

本章研究带有输入时滞和干扰的一维反应扩散方程的性能输出跟踪问题。事实上，由于时滞可以表示为一阶双曲方程[28]，带有时滞的热方程可以看成是 PDE-PDE 级联系统。PDE-PDE 级联系统比 PDE-ODE 级联系统复杂，问题的解决更加困难。在本章研究的问题中，有以下几点值得注意：一，热方程是不稳定的；二，系统输入端含有时滞；三，非同位结构：控制器，性能输出和干扰之间存在非同位结构。当不含输入时滞与不稳定源项时，该问题已经利用内模原理得以解决[71]。然而热方程中不稳定项和时滞的出现给该问题的解决造成巨大的困难，需要一些其他的特殊方法来解决这个问题。

本章研究带有输入时滞和不稳定源的如下系统：

$$\begin{cases} w_t(x,t)=w_{xx}(x,t)+\lambda w(x,t), & 0<x<1,\ t>0, \\ w_x(0,t)=d(t), & t\geqslant 0, \\ w_x(1,t)=u(t-\tau), & t\geqslant 0, \\ y_p(t)=w(0,t), & t\geqslant 0, \end{cases} \tag{4.1}$$

其中 $\lambda>0$，$\tau>0$ 是常数，w 是热系统状态，d 是干扰，y_p 是性能输出，u 是控制输入，τ 代表时滞。对于给定的参考信号 $y_{ref}(t)$，本章的目标是构造反馈控制使得

$$|y_e(t)|=|y_{ref}(t)-y_p(t)|\to 0,\quad t\to\infty, \tag{4.2}$$

其中 y_e 是跟踪误差。y_e 是设计控制器时唯一能够用到的测量。类似于文献[58]和文献[88]中的输出跟踪问题，假设参考信号 y_{ref} 和干扰 d 由有限维外系统生成：

$$\begin{cases} \dot{v}(t)=Gv(t), & t\geqslant 0, \\ d(t)=Qv(t), & t\geqslant 0, \\ y_{ref}(t)=Fv(t), & t\geqslant 0, \end{cases} \tag{4.3}$$

其中 $G\in\mathbb{C}^{n\times n}$，$F\in\mathbb{C}^{1\times n}$ 和 $Q\in\mathbb{C}^{1\times n}$ 是已知矩阵，初始状态 $v(0)$ 未知。设

$$\phi(x,t)=u(t-\tau x),\ x\in[0,1],\ t\geqslant 0, \tag{4.4}$$

那么输入时滞可以动态表示为：

$$\begin{cases} -\tau\phi_t(x,t)=\phi_x(x,t), & 0<x<1,\ t>0, \\ \phi(0,t)=u(t), & t>0. \end{cases} \tag{4.5}$$

将外系统（4.3）和时滞动态（4.5）代入控制系统（4.1），那么系统（4.1）变为

$$\begin{cases} w_t(x,t)=w_{xx}(x,t)+\lambda w(x,t), & 0<x<1,\ t>0, \\ w_x(0,t)=Qv(t), & t\geqslant 0, \\ w_x(1,t)=\phi(1,t), & t\geqslant 0, \\ -\tau\phi_t(x,t)=\phi_x(x,t), & 0<x<1,\ t>0, \\ \phi(0,t)=u(t), & t\geqslant 0, \\ \dot{v}(t)=Gv(t), & t\geqslant 0, \\ y_e(t)=Fv(t)-w(0,t), & t\geqslant 0. \end{cases} \tag{4.6}$$

系统（4.6）是 w-子系统和 ϕ-子系统构成的级联系统，见图 4.1。接下来针对系统（4.6）首先设计全状态反馈控制实现系统的性能输出跟踪，然后设计基于误差的观测器估计系统状态和干扰。由于线性系统的分离性原理，利用全状态反馈律和观测器，可以得到系统的输出反馈。

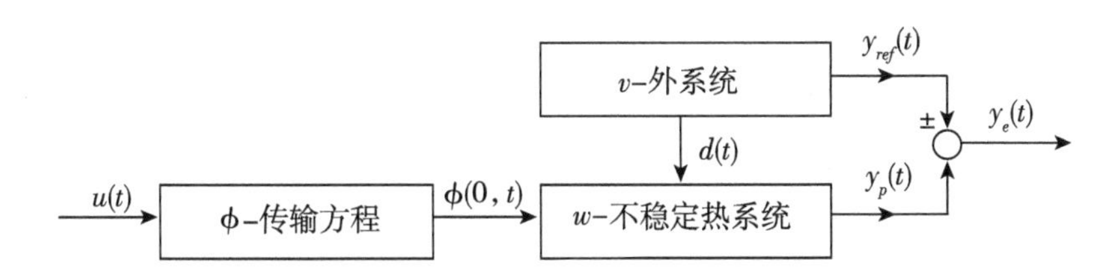

图 4.1　传输方程—不稳定热方程级联系统的结构图①

① Structural diagram of the transport equation-unstable heat equation cascade system.

4.2 状态反馈

4.2.1 控制器设计

本节将为控制系统（4.6）设计全状态反馈。设计过程有两个难点：第一，系统（4.6）中含有由一阶双曲方程生成的时滞动态;第二，系统（4.6）中含有非同位结构：控制 u 位于 $x=1$ 端，干扰 Q_v 和性能输出 y_p 位于$x=0$ 端。

受文献[63] 的启发，引入如下变换

$$\begin{cases} w_1(x,t)=w(x,t)-\Psi_1(x)v(t), \\ \phi_1(x,t)=\phi(x,t)-\Phi(x)v(t), \end{cases} \tag{4.7}$$

其中 Ψ_1：$[0,1]\to\mathbb{C}^n$ 和 Φ：$[0,1]\to\mathbb{C}^n$ 是由如下系统生成的向量值函数：

$$\begin{cases} \Psi''_1(x)=\Psi_1(x)G-\lambda\Psi_1(x), \\ \Psi_1(0)=F,\ \Psi'_1(0)=Q, \\ \Phi'(x)=-\tau\Phi(x)G, \\ \Phi(0)=\Psi'_1(1)e^{\tau G}, \end{cases} \tag{4.8}$$

根据常微分方程理论可得系统（4.8）的解为

$$\begin{cases} \Psi_1(x)=F\cosh\left(x(G-\lambda I)^{\frac{1}{2}}\right)+Qx\mathcal{G}\left(x(G-\lambda I)^{\frac{1}{2}}\right), \\ \Phi(x)=\Psi'_1(1)e^{\tau G}e^{-\tau Gx}, \end{cases} \tag{4.9}$$

其中

$$\mathcal{G}(s)=\begin{cases} \dfrac{\sinh s}{s},\ s\neq 0, \\ 1,\ s=0, \end{cases} \tag{4.10}$$

此外满足

$$\Psi'_1(1)=\Phi(1). \tag{4.11}$$

(4.9) 中出现的矩阵由文献[83, p. 3, Definition 1.2] 定义。根据 (4.7) 和 (4.8)，系统 (4.6) 变为

$$\begin{cases} w_{1t}(x,t)=w_{1xx}(x,t)+\lambda w_1(x,t), \\ w_{1x}(0,t)=0, \\ w_{1x}(1,t)=\phi_1(1,t), \\ -\tau\phi_{1t}(x,t)=\phi_{1x}(x,t), \\ \phi_1(0,t)=u(t)-\Psi'_1(1)e^{\tau G}v(t), \\ \dot{v}(t)=Gv(t), \\ y_e(t)=-w_1(0,t). \end{cases} \tag{4.12}$$

定义系统 (4.12) 的状态空间为 $\mathcal{H}=L^2(0,1)\times L^2(0,1)\times\mathbb{C}^n$。系统 (4.12) 中的项 $-\Psi'_1(1)e^{\tau G}v(t)$ 现在位于 ϕ_1-子系统左端 $x=0$ 处，跟踪误差 $y_e(t)=Fv(t)-w(0,t)$ 变为热方程的输出 $y_e(t)=-w_1(0,t)$，这两个特征为控制器的设计提供极大的便利。通过变化 (4.7)，系统 (4.6) 的输出跟踪问题变为系统 (4.12) 的镇定问题，这样设计目标发生转变，那么接下来只需要设计控制器镇定系统 (4.12) 即可。通过估计/消除策略，设计控制器为：

$$u(t)=\Psi'_1(1)e^{\tau G}v(t)+u_1(t), \tag{4.13}$$

第一项 $\Psi'_1(1)e^{\tau G}v(t)$ 用来补偿 $-\Psi'_1(1)e^{\tau G}v(t)$，第二项 $u_1(t)$ 是需要设计的新控制器。根据控制器 (4.13)，系统 (4.12) 变为

$$\begin{cases} w_{1t}(x,t)=w_{1xx}(x,t)+\lambda w_1(x,t), \\ w_{1x}(0,t)=0, \\ w_{1x}(1,t)=\phi_1(1,t), \\ -\tau\phi_{1t}(x,t)=\phi_{1x}(x,t), \\ \phi_1(0,t)=u_1(t), \\ y_e(t)=-w_1(0,t), \end{cases} \tag{4.14}$$

定义系统（4.14）的状态空间为$\mathcal{H}_0=L^2(0,1)\times L^2(0,1)$，接着设计控制器$u_1$镇定系统（4.14），设计过程有以下两个难点：第一，w_1-子系统是不稳定的；第二，控制器u_1没有直接安装在控制对象w_1-子系统上。为此，引入back-stepping方法。本节使用算子形式来完成控制器的设计过程。类似于文献[92]，引入如下变化：

$$\mathbf{P}_1\begin{pmatrix} f \\ g \end{pmatrix}=\begin{pmatrix} f-\int_0^{\cdot}k(\cdot,y)f(y)dy \\ g-\int_1^{\cdot}p(\cdot-y)g(y)dy-\int_0^1\gamma(\cdot,y)f(y)dy \end{pmatrix},$$

$$\forall (f,g)\in\mathcal{H}_0, \tag{4.15}$$

其中核函数k，γ和q分别定义为：

$$\begin{cases} k_{xx}(x,y)-k_{yy}(x,y)=(c+\lambda)k(x,y), & 0<y\leqslant x<1, \\ k(x,x)=-\dfrac{1}{2}(\lambda+c)(x-1), & 0<x<1, \\ k_y(x,0)=0, & 0<x<1, \end{cases} \tag{4.16}$$

$$
\begin{cases}
\gamma_x(x, y) + \tau\gamma_{yy}(x, y) = -\lambda\tau\gamma(x, y), & (x, y) \in [0, 1] \times (0, 1), \\
\gamma_y(x, 0) = 0, & 0<x<1, \\
\gamma_y(x, 1) = 0, & 0<x<1, \\
\gamma(1, y) = k_x(1, y), & 0<y<1
\end{cases}
\tag{4.17}
$$

和

$$
p(s) = -\tau\gamma(1+s, 1), \ s \in [-1, 0]. \tag{4.18}
$$

系统（4.16）是适定的[92]，参数 c 满足 $c \geqslant \frac{(\lambda+c)^2}{4}$。通过简单计算可知算子 $\mathbf{P}_1 \in \mathcal{L}(\mathcal{H}_0)$ 可逆，算子 $\mathbf{P}_1 \in \mathcal{L}(\mathcal{H}_0)$ 的逆为

$$
\mathbf{P}_1^{-1}\begin{pmatrix} f \\ g \end{pmatrix} = \begin{pmatrix} f + \int_0^{\cdot} l(\cdot, y)f(y)dy \\ g + \int_1^{\cdot} q(\cdot - y)g(y)dy + \int_0^1 \vartheta(\cdot, y)f(y)dy \end{pmatrix},
$$

$$
\forall (f, g) \in \mathcal{H}_0, \tag{4.19}
$$

其中核函数 l，ϑ 和 q 分别定义为

$$
\begin{cases}
l_{xx}(x, y) - l_{yy}(x, y) = -(\lambda+c)\, l(x, y), & 0<y \leqslant x<1, \\
l(x, x) = -\frac{1}{2}(\lambda+c)(x-1), & 0<x<1, \\
l_y(x, 0) = -\frac{\lambda+c}{2} l(x, 0), & 0<x<1,
\end{cases}
\tag{4.20}
$$

$$\begin{cases}\vartheta_x(x,y)+\tau\vartheta_{yy}(x,y)=c\tau\vartheta(x,y), & (x,y)\in[0,1]\times(0,1),\\ \vartheta_y(x,0)=0, & 0<x<1,\\ \vartheta_y(x,1)=0, & 0<x<1,\\ \vartheta(1,y)=l_x(1,y), & 0<y<1\end{cases} \tag{4.21}$$

和

$$q(s)=-\tau\vartheta(1+s,1),\ s\in[-1,0]. \tag{4.22}$$

系统（4.20）和系统（4.21）中的参数 c 满足 $c\geqslant\frac{(\lambda+c)^2}{4}$。令

$$(\varepsilon(\cdot,t),\psi(\cdot,t))^{\top}=\mathbf{P}_1(w_1(\cdot,t),\phi_1(\cdot,t))^{\top}, \tag{4.23}$$

根据（4.23），系统（4.14）变为

$$\begin{cases}\varepsilon_t(x,t)=\varepsilon_{xx}(x,t)-c\varepsilon(x,t),\\ \varepsilon_x(0,t)=-\frac{\lambda+c}{2}\varepsilon(0,t),\\ \varepsilon_x(1,t)=\psi(1,t),\\ -\tau\psi_t(x,t)=\psi_x(x,t),\\ \psi(0,t)=-\int_0^1\gamma(0,y)w_1(y,t)\,dy-\tau\int_0^1\gamma(1-y,1)\\ \qquad\qquad\phi_1(y,t)\,dy+u_1(t).\end{cases} \tag{4.24}$$

指数稳定的目标系统是

$$\begin{cases}\varepsilon_t(x,t)=\varepsilon_{xx}(x,t)-c\varepsilon(x,t),\\ \varepsilon_x(0,t)=-\dfrac{\lambda+c}{2}\varepsilon(0,t),\\ \varepsilon_x(1,t)=\psi(1,t),\\ -\tau\psi_t(x,t)=\psi_x(x,t),\\ \psi(0,t)=0,\end{cases}\tag{4.25}$$

其中参数 c 满足 $c\geqslant\frac{(\lambda+c)^2}{4}$。控制器 u_1 设计为

$$u_1(t)=\int_0^1\gamma(0,y)w_1(y,t)dy+\tau\int_0^1\gamma(1-y,1)\phi_1(y,t)dy.\tag{4.26}$$

结合（4.26）和（4.14）可得如下闭环系统

$$\begin{cases}w_{1t}(x,t)=w_{1xx}(x,t)+\lambda w_1(x,t),\\ w_{1x}(0,t)=0,\\ w_{1x}(1,t)=\phi_1(1,t),\\ -\tau\phi_{1t}(x,t)=\phi_{1x}(x,t),\\ \phi_1(0,t)=\displaystyle\int_0^1\gamma(0,y)w_1(y,t)dy+\tau\int_0^1\gamma(1-y,1)\phi_1(y,t)dy,\end{cases}\tag{4.27}$$

其中 γ 由（4.17）定义。

4.2.2　主要结果证明

定义算子 A：$D(A)\subset\mathcal{H}_0\to\mathcal{H}_0$ 为

$$\begin{cases} A(f,g)=\left(f''+\lambda f,\ -\dfrac{1}{\tau}g'\right),\ \forall\ (f,g)\in D(A), \\ D(A)=\{(f,g)\in H^2(0,1)\times H^1(0,1)\mid f'(0) \\ \qquad =0,\ f'(1)=g(1), \\ g(0)=\int_0^1\gamma(0,\cdot)fdy+\tau\int_0^1\gamma(1-\cdot,1)gdy\}, \end{cases} \tag{4.28}$$

根据定义（4.28），系统（4.27）可以写成抽象形式

$$\dot{X}(t)=AX(t),\ X(t)=(w_1(\cdot,t),\ \phi_1(\cdot,t))^{\top}. \tag{4.29}$$

定义算子 A_1：$D(A_1)\subset\mathcal{H}_0\to\mathcal{H}_0$ 为

$$\begin{cases} A_1(f,g)=\left(f''-cf,\ -\dfrac{1}{\tau}g'\right),\ \forall\ (f,g)\in D(A_1), \\ D(A_1)=\{(f,g)\in H^2(0,1)\times H^1(0,1)\mid f'(0)=-\dfrac{\lambda+c}{2}f(0), \\ f'(1)=g(1),\ g(0)=0\}. \end{cases} \tag{4.30}$$

根据定义（4.30），系统（4.25）可以写成抽象形式

$$\dot{X}_1(t)=A_1X_1(t),\ X_1(t)=(\varepsilon(\cdot,t),\ \psi(\cdot,t))^{\top}. \tag{4.31}$$

引理 4.1 由（4.30）定义的算子 A_1 在 $\mathcal{H}_0$ 上生成指数稳定的 C_0-半群。

证明 与算子 A_1 相关联的系统（4.25）是两个指数稳定系统的级联系统，那么根据文献[93, Lemma 5.1]，算子 A_1 生成 $\mathcal{H}_0$ 上指数稳定的 C_0-半群。

引理 4.2 设 $\lambda>0$，$\tau>0$ 是常数，γ 由（4.17）定义。那么对任意初始状态 $(w_1(\cdot,0),\ \phi_1(\cdot,0))\in\mathcal{H}_0$，闭环系统（4.27）存在唯一解 $(w_1,\ \phi_1)\in C([0,\infty);\ \mathcal{H}_0)$ 使得

$$e^{w_0 t}\|(w_1(\cdot,t),\phi_1(\cdot,t))\|_{\mathcal{H}_0}\to 0,\quad t\to\infty. \tag{4.32}$$

其中w_0是正常数。另外，存在正常数w_1使得调节误差$y_e(t)=-w_1(0,t)$满足

$$e^{w_1 t}|y_e(t)|\to 0,\quad t\to\infty. \tag{4.33}$$

证明 通过简单计算可得

$$\mathbf{P}_1 A\mathbf{P}_1^{-1}=A_1 \text{ 和 } \mathbf{P}_1 D(A)=D(A_1). \tag{4.34}$$

根据可逆变换（4.23），闭环系统（4.27）变为目标系统（4.25）。另外，结合（4.15）和（4.23）可得

$$\varepsilon(x,t)=w_1(x,t)-\int_0^x k(x,y)w_1(y,t)dy,\ x\in[0,1], \tag{4.35}$$

和

$$-\varepsilon(0,t)=-w_1(0,t)=y_e(t). \tag{4.36}$$

接下来只需要证明目标系统（4.25）指数稳定，对于不依赖于t的正常数w_1满足

$$e^{w_1 t}|\varepsilon(0,t)|\to 0,\quad t\to\infty. \tag{4.37}$$

目标系统（4.25）的指数稳定性可以通过引理4.1获得。接下来证明（4.37）成立。由于系统（4.25）的ψ-子系统是传输方程，当$t>\tau$时，ψ-子系统（4.25）的解变为0。结合上述分析，只需要考虑如下系统：

$$\begin{cases}\varepsilon_t(x,t)=\varepsilon_{xx}(x,t)-c\varepsilon(x,t),\\ \varepsilon_x(0,t)=-\dfrac{\lambda+c}{2}\varepsilon(0,t),\\ \varepsilon_x(1,t)=0,\end{cases}\tag{4.38}$$

其中参数 c 满足 $c\geqslant\dfrac{(\lambda+c)^2}{4}$。由于系统（4.38）是指数稳定系统[92]，收敛性（4.37）成立[94]。

接着设计原始系统（4.6）的控制器。结合（4.13），（4.26）和可逆变换（4.7），系统（4.6）的控制器设计为

$$\begin{aligned}u(t)=&\Psi'_1(1)e^{G\tau}v(t)+\int_0^1\gamma(0,y)[w(y,t)-\Psi_1(y)v(t)]dy\\&+\tau\int_0^1\gamma(1-y,1)[\phi(y,t)-\Phi(y)v(t)]dy.\end{aligned}\tag{4.39}$$

根据（4.39）可得系统（4.6）的闭环系统为

$$\begin{cases}\dot{v}(t)=Gv(t), & t\geqslant0,\\ w_t(x,t)=w_{xx}(x,t)+\lambda w(x,t), & 0<x<1,\ t>0,\\ w_x(0,t)=Qv(t), & t\geqslant0,\\ w_x(1,t)=\phi(1,t), & t\geqslant0,\\ -\tau\phi_t(x,t)=\phi_x(x,t), & 0<x<1,\ t>0,\\ \phi(0,t)=\Psi'_1(1)e^{G\tau}v(t)+\int_0^1\gamma(0,y)[w(y,t)-\Psi_1(y)v(t)]dy & \\ +\tau\int_0^1\gamma(1-y,1)[\phi(y,t)-\Phi(y)v(t)]dy, & t\geqslant0,\\ y_e(t)=Fv(t)-w(0,t), & t\geqslant0,\end{cases}\tag{4.40}$$

其中（$\Psi_1(\cdot)$，$\Phi(\cdot)$）由（4.9）定义，γ 由（4.17）定义。

定理 4.3 设 $\lambda>0$，$\tau>0$ 是常数，$G\in\mathbb{C}^{n\times n}$，$Q\in\mathbb{C}^{1\times n}$，$F\in\mathbb{C}^{1\times n}$，$(\Psi_1(\cdot),\Phi(\cdot))$ 由（4.9）定义，γ 由（4.17）定义。那么对于任意初始状态 $(w(\cdot,0),\phi(\cdot,0),v(0))\in\mathcal{H}$，系统（4.40）存在唯一解 $(w,\phi,v)\in C([0,\infty);\mathcal{H})$ 使得调节误差 $y_e(t)=Fv(t)-w(0,t)$ 满足

$$e^{w_3 t}|y_e(t)|\to 0,\quad t\to\infty, \tag{4.41}$$

其中 w_3 是不依赖于 t 的正常数。另外，如果满足 $\sup_{t\in[0,\infty)}\|v(t)\|_{\mathbb{C}^n}<+\infty$，那么系统（4.40）是一致有界的，也就是说，系统（4.40）满足

$$\sup_{t\in[0,\infty)}\|(w(\cdot,t)),\phi(\cdot,t),v(t))\|_{\mathcal{H}}\leqslant+\infty. \tag{4.42}$$

证明 由于系统（4.40）的 v-子系统是线性有限维系统，显然 v-子系统是适定的。通过引理 4.2 可知，对初始状态 $(w_1(\cdot,0),\phi_1(\cdot,0))\in\mathcal{H}_0$，闭环系统（4.27）存在唯一解 $(w_1,\phi_1)\in C([0,\infty);\mathcal{H}_0)$ 满足（4.32）。如果定义

$$\begin{cases}w(x,t)=w_1(x,t)+\Psi_1(x)v(t),\\ \phi(x,t)=\phi_1(x,t)+\Phi(x)v(t),\end{cases} \tag{4.43}$$

那么对任意初始状态 $(w(\cdot,0),\phi(\cdot,0),v(0))\in\mathcal{H}$，由外系统（4.3）和（4.43）定义的 $(w,\phi,v)\in C([0,\infty);\mathcal{H})$ 是系统（4.40）的唯一解。另外，

$$\begin{aligned}|y_e(t)|&=|Fv(t)-w(0,t)|\\&=|Fv(t)-[w_1(0,t)+\Psi_1(0)v(t)]|\\&=|w_1(0,t)|,\end{aligned} \tag{4.44}$$

结合（4.33）可得（4.41）成立。当条件 $\sup_{t\in[0,\infty)}\|v(t)\|_{\mathbb{C}^n}<+\infty$ 成立时，根据（4.43）可知一致有界性（4.42）成立。

4.3 观测器设计

4.3.1 基于误差的观测器设计

受文献[105]的启发，引入如下变换

$$\begin{pmatrix} w_2(\cdot,t) \\ v(t) \end{pmatrix} = \begin{pmatrix} I & -\Psi_2 \\ 0 & I \end{pmatrix} \begin{pmatrix} w(\cdot,t) \\ v(t) \end{pmatrix},\quad t\geqslant 0, \tag{4.45}$$

其中 I 是 $L^2(0,1)\times\mathbb{C}^n$ 上的恒等算子，$\Psi_2(\cdot):[0,1]\to\mathbb{C}^n$ 是向量值函数。设函数 $\Psi_2(\cdot)$ 是如下系统的解：

$$\begin{cases} \Psi''_2(x)=\Psi_2(x)G-\lambda\Psi_2(x), \\ \Psi'_2(0)=T_1, \\ \Psi_2(0)=T_2, \end{cases} \tag{4.46}$$

其中 $T_1\in\mathbb{C}^{1\times n}$ 和 $T_2\in\mathbb{C}^{1\times n}$ 是由注记 4.9 给出的调节向量。根据常微分方程理论计算可得

$$\Psi_2(x)=T_1x\mathcal{G}\left(x(G-\lambda I)^{\frac{1}{2}}\right)+T_2\cosh\left(x(G-\lambda I)^{\frac{1}{2}}\right), \tag{4.47}$$

其中

$$\mathcal{G}(s)=\begin{cases} \dfrac{\sinh s}{s}, & s\neq 0, \\ 1, & s=0. \end{cases} \tag{4.48}$$

结合变化（4.45）和条件 $\Psi'_2(1)=0$，系统（4.6）变为

$$\begin{cases} w_{2t}(x,t)=w_{2xx}(x,t)+\lambda w_2(x,t), \\ w_{2x}(0,t)=(Q-T_1)v(t), \\ w_{2x}(1,t)=\phi(1,t), \\ -\tau\phi_t(x,t)=\phi_x(x,t), \\ \phi(0,t)=u(t), \\ \dot{v}(t)=Gv(t), \\ y_e(t)=F_1v(t)-w_2(0,t), \end{cases} \tag{4.49}$$

其中常数 $\lambda>0$，$F_1=F-T_2$，$T_1\in\mathbb{C}^{1\times n}$ 和 $T_2\in\mathbb{C}^{1\times n}$ 是给定的调节向量。比较系统（4.49）和系统（4.6），位于 w-子系统左端的 $(Q-T_1)v(t)$ 这一项是可调节的。接下来设计系统（4.49）的观测器，受文献[106]的启发，观测器可以设计为：

$$\begin{cases} \hat{w}_{2t}(x,t)=\hat{w}_{2xx}(x,t)+\lambda\hat{w}_2(x,t), \\ \hat{w}_{2x}(0,t)=\beta[y_e(t),+\hat{w}_2(0,t)], \\ \hat{w}_{2x}(1,t)=\phi(1,t), \\ -\tau\phi_t(x,t)=\phi_x(x,t), \\ \phi(0,t)=u(t), \\ \dot{\hat{v}}(t)=G\hat{v}(t)+L[y_e(t)-F_1\hat{v}(t)+\hat{w}_2(0,t)], \end{cases} \tag{4.50}$$

其中 β 是待定常数，选取 $L\in\mathbb{C}^{n\times 1}$ 使得 $G-LF_1$ 是 Hurwitz 阵。如果设

$$\begin{cases} \tilde{w}_2(x,t)=w_2(x,t)-\hat{w}_2(x,t), \\ \tilde{v}(t)=v(t)-\hat{v}(t), \end{cases} \tag{4.51}$$

那么系统（4.49）和系统（4.50）的误差系统为

$$\begin{cases}\tilde{w}_{2t}(x,t)=\tilde{w}_{2xx}(x,t)+\lambda\tilde{w}_2(x,t),\\ \tilde{w}_{2x}(0,t)=\beta\tilde{w}_2(0,t),\\ \tilde{w}_{2x}(1,t)=0,\\ \dot{\tilde{v}}(t)=(G-LF_1)\tilde{v}(t)+L\tilde{w}_2(0,t),\end{cases}\tag{4.52}$$

其中 T_1 和 F_1 满足

$$Q-T_1-\beta F_1=0.\tag{4.53}$$

在状态空间$\mathcal{H}_1=L^2(0,1)\times\mathbb{C}^n$中，通过调节参数$\beta$可以使得系统（4.52）指数稳定。事实上，定义可逆变换

$$\begin{pmatrix}z(\cdot,t)\\ \tilde{v}(t)\end{pmatrix}=\begin{pmatrix}I+\mathbf{P}_2 & 0\\ 0 & I\end{pmatrix}\begin{pmatrix}\tilde{w}_2(\cdot,t)\\ \tilde{v}(t)\end{pmatrix},\ t\geqslant 0,\tag{4.54}$$

其中

$$[(I+\mathbf{P}_2)\tilde{w}_2](x,t)=\tilde{w}_2(x,t)-\int_0^x P_2(x,y)\tilde{w}_2(y,t)\,dy.\tag{4.55}$$

系统（4.52）通过可逆变换（4.54）可以变为如下目标系统

$$\begin{cases}z_t(x,t)=z_{xx}(x,t)-c_1z(x,t),\\ z_x(0,t)=c_2z(0,t),\\ z_x(1,t)=0,\\ \dot{\tilde{v}}(t)=(G-LF_1)\tilde{v}(t)+Lz(0,t),\end{cases}\tag{4.56}$$

其中

$$c_1 \geqslant \bar{c}_2^2, \quad \bar{c}_2 = \max\{0, -c_2\}, \quad c_2 \in \mathbb{R}. \tag{4.57}$$

现在给出寻找满足条件 P_2 的方法。根据（4.52）和（4.54），$z(x, t)$ 分别对 x 和 t 求导可得

$$\begin{aligned} z_{xx}(x, t) &= \tilde{w}_{2xx}(x, t) - \int_0^x P_{2xx}(x, y)\tilde{w}_2(y, t)\,dy - P_{2x}(x, x) \\ &\quad \tilde{w}_2(x, t) - \frac{d}{dx}P_2(x, x)\tilde{w}_2(x, t) - P_2(x, x)\tilde{w}_{2x}(x, t) \end{aligned} \tag{4.58}$$

和

$$\begin{aligned} z_t(x, t) &= \tilde{w}_{2xx}(x, t) + \lambda\tilde{w}_2(x, t) - P_2(x, x)\tilde{w}_{2x}(x, t) \\ &\quad + P_2(x,0)\tilde{w}_{2x}(0,t) + P_{2y}(x,x)\tilde{w}_2(x,t) - P_{2y}(x,0)\tilde{w}_2(0,t) \\ &\quad - \int_0^x P_{2yy}(x,y)\tilde{w}_2(y,t)\,dy - \lambda\int_0^x P_2(x,y)\tilde{w}_2(y,t)\,dy, \end{aligned} \tag{4.59}$$

其中

$$\frac{d}{dx}P_2(x, x) = P_{2x}(x, x) + P_{2y}(x, x). \tag{4.60}$$

（4.60）中的 $P_{2x}(x, y)$ 和 $P_{2y}(x, y)$ 分别表示 $P_2(x, y)$ 关于 x 和 y 的偏导数。根据文献[92]，如果选择 P_2 满足

$$\begin{cases} P_{2xx}(x, y) - P_{2yy}(x, y) = (\lambda + c_1)P_2(x, y), & (x, y) \in \Omega_2, \\ P_2(x, x) = -\dfrac{\lambda + c_1}{2}(x-1), & x \in (0, 1), \\ P_{2x}(1, y) = 0, & y \in (0, 1) \end{cases} \tag{4.61}$$

和

$$\beta-P_2(0,0)-c_2=0,\ \beta P_2(x,0)=P_{2y}(x,0), \tag{4.62}$$

其中 $\Omega_2=\{(x,y)\mid 0<y<x<1\}$，结合（4.58），（4.59），（4.61）和（4.52）可知 P_2 符合要求。根据引理 4.4 可知系统（4.61）是适定的，这意味着变换（4.55）有意义。另外，由（4.71）可得

$$P_2(x,0)=(\lambda+c_1)\frac{I_1\left(\sqrt{(\lambda+c_1)(x^2-2x)}\right)}{\sqrt{(\lambda+c_1)(x^2-2x)}}\neq 0, \tag{4.63}$$

其中 I_1 是改良的一阶 Bessel 函数。结合（4.63）和（4.62）可得

$$\beta=\frac{P_{2y}(x,0)}{P_2(x,0)} \tag{4.64}$$

和

$$c_2=\beta-P_2(0,0). \tag{4.65}$$

通过计算可知变换（4.55）可逆，其逆为

$$[(I+\mathbf{P}_2)^{-1}]z(x,t)=z(x,t)-\int_0^x P_3(x,y)z(y,t)dy, \tag{4.66}$$

其中 $P_3(\cdot,\cdot)\in C^2(\Omega^3)$ 满足

$$\begin{cases}P_{3xx}(x,y)-P_{3yy}(x,y)=-(\lambda+c_1)P_3(x,y), & (x,y)\in\Omega_3;\\ P_3(x,x)=\dfrac{\lambda+c_1}{2}(x-1), & x\in(0,1),\\ P_{3x}(1,y)=0, & x\in(0,1),\end{cases} \tag{4.67}$$

$\Omega_3=\{(x, y) \mid 0<y<x<1\}$.

4.3.2 相关结果证明

引理 4.4 设 c_1，c_2 和 λ 是常数，$\lambda>0$，(4.57) 成立。那么当 $0<y<x<1$ 时系统 (4.61) 存在唯一解，该解两次连续可微。

证明 设

$$\bar{x}=1-y,\ \bar{y}=1-x,\ \bar{P}_2(\bar{x}, \bar{y})=P_2(x, y). \tag{4.68}$$

根据 (4.68)，系统 (4.61) 变为

$$\begin{cases} \bar{P}_{2\bar{x}\bar{x}}(\bar{x}, \bar{y})-\bar{P}_{2\bar{y}\bar{y}}(\bar{x}, \bar{y})=-(\lambda+c_1)\bar{P}_2(\bar{x}, \bar{y}), & (\bar{x}, \bar{y})\in\bar{\Omega}, \\ \bar{P}_2(\bar{x}, \bar{x})=\dfrac{\lambda+c_1}{2}\bar{x}, & \bar{x}\in(0, 1), \\ \bar{P}_{2\bar{y}}(\bar{x}, 0)=0, & \bar{y}\in(0, 1), \end{cases} \tag{4.69}$$

其中 $\bar{\Omega}=\{(\bar{x}, \bar{y}) \mid 0<\bar{y}<\bar{x}<1\}$。系统 (4.69) 恰好是文献[44] 中的系统 (4.64) - (4.66)，根据文献[44] 可知系统 (4.69) 的解是

$$\bar{P}_2(\bar{x}, \bar{y})=(\lambda+c_1)\bar{x}\frac{I_1\left(\sqrt{(\lambda+c_1)(\bar{y}^2-\bar{x}^2)}\right)}{\sqrt{(\lambda+c_1)(\bar{y}^2-\bar{x}^2)}}, \tag{4.70}$$

将 (4.70) 中的变量 $\bar{x}$，$\bar{y}$ 换成原始变量 x，y 可得

$$P_2(x, y)=(\lambda+c_1)(1-y)\frac{I_1\left(\sqrt{(\lambda+c_1)(x-y)(x+y-2)}\right)}{\sqrt{(\lambda+c_1)(x-y)(x+y-2)}}, \tag{4.71}$$

其中

$$I_1(x)=\sum_{n=0}^{\infty}\frac{\left(\frac{x}{2}\right)^{2n+1}}{n!(n+1)!} \tag{4.72}$$

是改良的一阶贝塞尔函数。

引理 4.5 设 $\lambda>0$ 是常数，f：$\mathbb{C}\to\mathbb{C}$ 是连续函数，矩阵 $G\in\mathbb{C}^{n\times n}$ 满足

$$\sigma(G)\subset\{\tilde{\lambda}\mid \mathrm{Re}\tilde{\lambda}\geqslant 0\}, \tag{4.73}$$

β 由（4.64）定义，P_2 是系统（4.61）的解，那么矩阵函数

$$f(G-\lambda I)=(G-\lambda I)^{\frac{1}{2}}\sinh(G-\lambda I)^{\frac{1}{2}}+\beta\cosh(G-\lambda I)^{\frac{1}{2}} \tag{4.74}$$

可逆。

证明 考虑热方程系统

$$\begin{cases}w_t(x,t)=w_{xx}(x,t)+\lambda w(x,t),\\ w_x(0,t)=\beta w(0,t),\\ w_x(1,t)=0,\end{cases} \tag{4.75}$$

其中 β 由（4.64）定义。定义算子 A_3：$D(A_3)\subset L^2(0,1)\to L^2(0,1)$ 为

$$\begin{cases}A_3f=f''+\lambda f,\quad \forall f\in D(A_3),\\ D(A_3)=\{f\in H^2(0,1)\mid f'(0)=\beta f(0),f'(1)=0\}.\end{cases} \tag{4.76}$$

考虑算子 A_3 的特征值问题，即

$$A_3f=\check{\lambda}f,\quad \forall f\in D(A_3),\check{\lambda}\in\sigma(A_3). \tag{4.77}$$

由于系统（4.75）指数稳定，结合 $\lambda>0$ 易得 $\check{\lambda}\neq\lambda$。通过（4.76）和（4.77）可得

$$\begin{cases} f''(x)=(\check{\lambda}-\lambda)f(x), \\ f'(0)=\beta f(0), \\ f'(1)=0. \end{cases} \tag{4.78}$$

根据常微分方程理论可得系统（4.78）的一般解是

$$f(x)=c_3e^{(\check{\lambda}-\lambda)^{\frac{1}{2}}x}+c_4e^{-(\check{\lambda}-\lambda)^{\frac{1}{2}}x}, \tag{4.79}$$

其中 c_3 和 c_4 是复常数。在（4.79）中，对于平方根函数，总是保持固定分支 $(\check{\lambda}-\lambda)^{\frac{1}{2}}$。将（4.79）代入（4.78）的边界条件可得：

$$\begin{cases} \left[(\check{\lambda}-\lambda)^{\frac{1}{2}}-\beta\right]c_3-\left[(\check{\lambda}-\lambda)^{\frac{1}{2}}+\beta\right]c_4=0, \\ (\check{\lambda}-\lambda)^{\frac{1}{2}}e^{(\check{\lambda}-\lambda)^{\frac{1}{2}}}c_3-(\check{\lambda}-\lambda)^{\frac{1}{2}}e^{-(\check{\lambda}-\lambda)^{\frac{1}{2}}}c_4=0. \end{cases} \tag{4.80}$$

众所周知，行列式 $\det(\Delta(\check{\lambda}))=0$ 当且仅当（4.80）有非零解，其中

$$\Delta(\check{\lambda})=\begin{pmatrix} (\check{\lambda}-\lambda)^{\frac{1}{2}}-\beta & -(\check{\lambda}-\lambda)^{\frac{1}{2}}-\beta \\ (\check{\lambda}-\lambda)^{\frac{1}{2}}e^{(\check{\lambda}-\lambda)^{\frac{1}{2}}} & -(\check{\lambda}-\lambda)^{\frac{1}{2}}e^{-(\check{\lambda}-\lambda)^{\frac{1}{2}}} \end{pmatrix}. \tag{4.81}$$

通过简单计算，

$$\det(\Delta(\check{\lambda}))=2\beta(\check{\lambda}-\lambda)^{\frac{1}{2}}\cosh(\check{\lambda}-\lambda)^{\frac{1}{2}}+2(\check{\lambda}-\lambda)\sinh(\check{\lambda}-\lambda)^{\frac{1}{2}}, \quad \forall\check{\lambda}\in\sigma(A_3). \tag{4.82}$$

所以算子 A_3 的特征方程是

$$\beta\cosh(\check{\lambda}-\lambda)^{\frac{1}{2}}+(\check{\lambda}-\lambda)^{\frac{1}{2}}\sinh(\check{\lambda}-\lambda)^{\frac{1}{2}}=0,\ \forall\check{\lambda}\in\sigma(A_3). \tag{4.83}$$

因为系统（4.75）指数稳定，根据（4.73）可得

$$\beta\cosh(\lambda_0-\lambda)^{\frac{1}{2}}+(\lambda_0-\lambda)^{\frac{1}{2}}\sinh(\check{\lambda}-\lambda)^{\frac{1}{2}}\neq 0,\ \forall\lambda_0\in\sigma(G). \tag{4.84}$$

这意味着 $f(G-\lambda I)$ 的所有特征值非零，因此 $f(G-\lambda I)$ 可逆。

命题 4.6 设 $G\in\mathbb{C}^{n\times n}$，$Q\in\mathbb{C}^{1\times n}$，$F\in\mathbb{C}^{1\times n}$，$f$：$\mathbb{C}\to\mathbb{C}$ 是连续函数，矩阵 $f(G-\lambda I)$ 可逆，F_1 由（4.110）定义，那么 $(G, F_1f(G-\lambda I))$ 近似可观当且仅当 (G, F_1) 近似可观。

证明 对任意 $v\in\mathrm{Ker}(\lambda_0-G)\cap\mathrm{Ker}(\mathrm{F}_1)$，$\lambda_0\in\sigma(G)$ 有

$$F_1f(G-\lambda I)v=f(\lambda_0-\lambda)F_1v=0, \tag{4.85}$$

其中 $F_1=[F(G-\lambda I)^{\frac{1}{2}}\sinh(G-\lambda I)^{\frac{1}{2}}+Q\cosh(G-\lambda I)^{\frac{1}{2}}][f(G-\lambda I)]^{-1}$。根据（4.85）可得

$$\mathrm{Ker}(\lambda_0-G)\cap\mathrm{Ker}(F_1)\subset\mathrm{Ker}(\lambda_0-G)\cap\mathrm{Ker}(F_1f(G-\lambda I)). \tag{4.86}$$

另一方面，对任意 $v\in\mathrm{Ker}(\lambda_0-G)\cap\mathrm{Ker}(F_1f(G-\lambda l))$，

$$0=F_1f(G-\lambda I)v=f(\lambda_0-\lambda)F_1v. \tag{4.87}$$

因为 $f(G-\lambda I)\in\mathbb{C}^{n\times n}$ 可逆，那么对任意 $\lambda_0\in\sigma(G)$ 有 $f(\lambda_0-\lambda)\neq 0$。根据（4.87）可得 $F_1v=0$，也就是，

$$\mathrm{Ker}(\lambda_0-G)\cap\mathrm{Ker}(F_1f(G-\lambda I))\subset\mathrm{Ker}(\lambda_0-G)\cap\mathrm{Ker}(F_1). \tag{4.88}$$

结合 Hautus 引理[80, Proposition 1.5.1]，(4.86) 和 (4.88) 可推出，(G, F_1) 近似可观当且仅当 $(G, F_1 f(G-\lambda I))$ 近似可观。

引理 4.7 设 c_1，c_2，λ 和 τ 是常数，$\lambda>0$，$\tau>0$，(4.57) 成立，β 由 (4.64) 定义，P_2 是系统 (4.61) 的解，设 $Q\in\mathbb{C}^{1\times n}$，$T_1\in\mathbb{C}^{1\times n}$，$F_1\in\mathbb{C}^{1\times n}$ 满足 (4.53)，$(G, F(G-\lambda I)^{\frac{1}{2}}\sinh(G-\lambda I)^{\frac{1}{2}}+Q\cosh(G-\lambda I)^{\frac{1}{2}})$ 近似可观，矩阵 $G\in\mathbb{C}^{n\times n}$ 满足

$$\sigma(G)\subset\{\tilde{\lambda}\mid \mathrm{Re}\tilde{\lambda}\geqslant 0\}. \tag{4.89}$$

那么对任意初始状态 $(w_2(\cdot,0), \phi(\cdot,0), v(0), \hat{w}_2(\cdot,0), \hat{v}(0))\in\mathcal{H}\times\mathcal{H}_1$ 和控制 $u\in L^2_{\mathrm{loc}}(0,\infty)$，系统 (4.49) 的观测器 (4.50) 存在唯一解 $(w_2, \phi, v, \hat{w}_2, \hat{v})\in C([0,\infty);\mathcal{H}\times\mathcal{H}_1)$。另外，存在不依赖于 t 的正常数 w_4 使得

$$e^{w_4 t}\|(w_2(\cdot,t)-\hat{w}_2(\cdot,t), v(t)-\hat{v}(t)\|_{\mathcal{H}_1}\to 0,\quad t\to\infty. \tag{4.90}$$

证明 根据可逆变换 (4.54) 和 (4.51)，只需要证明系统 (4.56) 的适定性和指数稳定性即可。定义算子 A_2: $D(A_2)\subset L^2(0,1)\to L^2(0,1)$ 为

$$A_2 f=f''-c_1 f,\quad \forall f\in D(A_2)=\{f\in H^2(0,1)\mid f'(0)=c_2 f(0), f'(1)=0\}. \tag{4.91}$$

定义算子 $C_2\in\mathcal{L}(D(A_2),\mathbb{R})$ 为

$$C_2 f=f(0),\quad \forall f\in D(A_2). \tag{4.92}$$

根据定义（4.91）和（4.92），可将系统（4.56）写成抽象形式

$$\begin{cases}z_t(\cdot,t)=A_2z(\cdot,t),\\ \dot{\tilde{v}}(t)=(G-LF_1)\tilde{v}(t)+LC_2z(\cdot,t).\end{cases}\tag{4.93}$$

根据引理4.5可知（4.109）中的矩阵函数$f(G-\lambda I)$可逆。结合矩阵$f(G-\lambda I)$的可逆性与命题4.6可得$(G,F(G-\lambda I)^{\frac{1}{2}}\sinh(G-\lambda I)^{\frac{1}{2}}+Q\cosh(G-\lambda I)^{\frac{1}{2}})$近似可观意味着$(G,F_1)$近似可观。因此存在$L\in\mathbb{C}^{n\times1}$使得$G-LF_1$是Hurwitz阵。众所周知算子$A_2$在$L^2(0,1)$上生成指数稳定的解析半群，算子$C_2$关于半群$e^{A_2t}$允许。由于$z$-子系统不依赖$\tilde{v}$-子系统，对任意$(z(\cdot,0),\tilde{v}(0))\in\mathcal{H}_1$，求解（4.93）可得$z(\cdot,t)=e^{A_2t}z(\cdot,0)$。另外，根据文献[80, p. 124, Proposition 4.3.4]，文献[80, p. 30, Proposition 2.3.5]和算子C_2关于半群e^{A_2t}的允许性，可得$z(\cdot,t)\in C^1([0,\infty);L^2(0,1))$和

$$C_2z(,t)=C_2e^{A_2\cdot}z(\cdot,0)\in H^1_{\text{loc}}([0,\infty);\mathbb{C}^n).\tag{4.94}$$

因为$(G-LF_1)\tilde{v}(0)+LC_2z(\cdot,0)\in\mathbb{C}^n$，通过文献[80, Proposition 4.2.10, p. 120]和（4.94）可得，$\tilde{v}$-系统的解满足$\tilde{v}\in C^1([0,\infty);\mathbb{C}^n)$。因此，对任意$(z(\cdot,0),\tilde{v}(0))\in\mathcal{H}_1$，系统（4.93）存在唯一连续可微解$(z,\tilde{v})\in C^1([0,\infty);\mathcal{H}_1)$。

接着证明系统（4.93）的指数稳定性。设$(z,\tilde{v})\in C^1([0,\infty);\mathcal{H}_1)$是系统（4.93）的经典解。由于$G-LF_1$是Hurwitz阵，那么存在两个正常数$w_5$和$L_5$使得

$$\|e^{(G-LF_1)t}\|\leqslant L_5e^{-w_5t},\quad\forall t\geqslant0.\tag{4.95}$$

由于 $e^{A_2 t}$ 在 L^2（0，1）上是指数稳定的，存在两个正常数 w_6 和 L_6 使得

$$\| e^{A_2 t} \| \leqslant L_6 e^{-w_6 t}, \quad \forall t \geqslant 0. \tag{4.96}$$

因此，

$$\| z(\cdot, t) \|_{L^2(0,1)} \leqslant L_6 e^{-w_6 t} \| z(\cdot, 0) \|_{L^2(0,1)}, \quad \forall t \geqslant 0. \tag{4.97}$$

通过文献[80, Proposition 4.3.6, p.124] 和算子 C_2 关于半群 $e^{A_2 t}$ 的允许性可知

$$v_{\widetilde{w}} \in L^2([0, \infty); \mathbb{C}^n), \quad v_{\widetilde{w}}(t) = e^{\widetilde{w} t} C_2 z(\cdot, t), \quad 0 < \widetilde{w} < w_6. \tag{4.98}$$

结合文献[107, Remark 2.6]，(4.95)，(4.96) 和 (4.98) 可得

$$\left\| \int_0^1 e^{(G-LF_1)(t-s)} L v_{\widetilde{w}}(s) \, ds \right\|_{\mathbb{C}^n} \leqslant M_2 \| v_{\widetilde{w}} \|_{L^2([0,\infty);\mathbb{C}^n)}, \quad \forall t > 0, \tag{4.99}$$

其中 $M_2 > 0$ 是不依赖于 t 的正常数。另一方面，$\widetilde{v}$-子系统的解是

$$\widetilde{v}(t) = e^{(G-LF_1)t} \widetilde{v}(0) + \int_0^t e^{(G-LF_1)(t-s)} L C_2 z(\cdot, s) \, ds \in \mathbb{C}^n. \tag{4.100}$$

结合 (4.95)，(4.96)，(4.98) 和 (4.99)，对任意 $0 < \theta_1 < 1$ 有

$$\begin{aligned}
& \left\| \int_0^t e^{(G-LF_1)(t-s)} L C_2 z(\cdot, s) \, ds \right\|_{\mathbb{C}^n} \\
\leqslant & \left\| \int_0^{\theta_1 t} e^{(G-LF_1)(t-s)} L C_2 z(\cdot, s) \, ds \right\|_{\mathbb{C}^n} + \left\| \int_{\theta_1 t}^t e^{(G-LF_1)(t-s)} L C_2 z(\cdot, s) \, ds \right\|_{\mathbb{C}^n} \\
\leqslant & \left\| e^{(G-LF_1)(1-\theta_1)t} \int_0^{\theta_1 t} e^{(G-LF_1)(\theta_1 t - s)} L C_2 z(\cdot, s) \, ds \right\|_{\mathbb{C}^n}
\end{aligned}$$

$$+e^{-\widetilde{w}\theta_1 t}\left\|\int_{\theta_1 t}^{t}e^{(G-LF_1)(t-s)}Lv_{\widetilde{w}}(s)ds\right\|_{\mathbb{C}^n}$$

$$\leqslant L_5e^{-w_5(1-\theta_1)t}M_2\|C_2z\|_{L^2[0,\infty);\mathbb{C}^n)}+e^{-\widetilde{w}\theta_1 t}M_2\|v_{\widetilde{w}}\|_{L^2[0,\infty);\mathbb{C}^n)},\tag{4.101}$$

结合（4.95），（4.96），（4.97）和（4.100）可得（z（，t），$\widetilde{v}$（t）在$\mathcal{H}_1$上是指数稳定的。

根据可逆变换（4.54）和系统（4.56）的指数稳定性可知，对任意初始状态（$\widetilde{w}_2$（·，0），$\widetilde{v}$（0））$\in\mathcal{H}_1$，系统（4.52）存在唯一解（$\widetilde{w}_2$（·，t），$\widetilde{v}$（t））$\in C$（[0，∞）；$\mathcal{H}_1$），且当 $t\to\infty$ 时指数衰减到0。

另外，求解系统（4.49）中的ϕ-子系统可得

$$\phi(x,t)=\begin{cases}\phi\left(x-\dfrac{t}{\tau},0\right), & \tau x\geqslant t,\\ u(t-\tau x), & \tau x<t.\end{cases}\tag{4.102}$$

结合（4.102）和（4.51），对任意（w_2（·，0），ϕ（·，0），v（0），$\hat{w}_2$（·，0），$\hat{v}$（0））$\in\mathcal{H}\times\mathcal{H}_1$，系统（4.49）、（4.50）存在唯一解（$w_2$，$\phi$，$v$，$\hat{w}_2$，$\hat{v}$）$\in C$（[0，∞）；$\mathcal{H}\times\mathcal{H}_1$）。另外，存在不依赖于$t$的正常数$w_4$使得

$$e^{w_4 t}\|(w_2(\cdot,t)-\hat{w}_2(\cdot,t),v(t)-\hat{v}(t)\|_{\mathcal{H}_1}\to 0,\quad t\to\infty.\tag{4.103}$$

现在开始设计系统（4.6）的观测器。根据引理4.7，$\hat{w}_2$（·，t）和$\hat{v}$（t）分别由w_2（，t）和v（t）估计。利用可逆变换（4.45）和引理4.7，原始系统（4.6）的观测器可以设计为

$$\begin{cases}\hat{w}_t(x,t)=\hat{w}_{xx}(x,t)+\lambda\hat{w}(x,t)+\Psi_2(x)L[y_e(t)-F\hat{v}(t)+\hat{w}(0,t)],\\ \hat{w}_x(0,t)=\beta[y_e(t)+\hat{w}(0,t)-T_2\hat{v}(t)]+T_1\hat{v}(t),\\ \hat{w}_x(1,t)=\phi(1,t),\\ -\tau\phi_t(x,t)=\phi_x(x,t),\\ \phi(0,t)=u(t),\\ \dot{\hat{v}}(t)=G\hat{v}(t)+L[y_e(t)-F\hat{v}(t)+\hat{w}(0,t)],\\ y_e(t)=Fv(t)-w(0,t),\end{cases}$$

(4.104)

其中 $\Psi_2(\cdot)$ 由（4.47）定义，β 由（4.64）定义，$L\in\mathbb{C}^{n\times1}$ 使得 $G-LF_1$ 是 Hurwitz 阵。

定理 4.8　设 $\lambda>0$，$\tau>0$ 是常数，$G\in\mathbb{C}^{n\times n}$ 满足（4.89），$Q\in\mathbb{C}^{1\times n}$，$F\in\mathbb{C}^{1\times n}$，$L\in\mathbb{C}^{n\times1}$，$T_1\in\mathbb{C}^{1\times n}$，$T_2\in\mathbb{C}^{1\times n}$，$\Psi_2(\cdot)$ 由（4.47）定义，β 由（4.64）定义，P_2 是系统（4.61）的解，$(G, F(G-\lambda I)^{\frac{1}{2}}\sinh(G-\lambda I)^{\frac{1}{2}}+Q\cosh(G-\lambda I)^{\frac{1}{2}})$ 近似可观，那么对任意初始状态

$$(w(\cdot,0),\phi(\cdot,0),v(\cdot,0),\hat{w}(\cdot,0),\hat{v}(\cdot,0))\in\mathcal{H}\times\mathcal{H}_1$$

(4.105)

和控制器 $u\in L^2_{\text{loc}}(0,\infty)$，系统（4.6）的观测器（4.104）存在唯一解

$$(w,\phi,v,\hat{w},\hat{v})\in C([0,\infty);\mathcal{H}\times\mathcal{H}_1)\tag{4.106}$$

使得

$$e^{w_7t}\|(w(\cdot,t)-\hat{w}(\cdot,t),v(t)-\hat{v}(t))\|_{\mathcal{H}_1}\to0,\quad t\to\infty,$$

(4.107)

其中 w_7 是正常数。

证明 通过引理4.7和可逆变化（4.45）可知$\hat{w}_2(\cdot, t)+\Psi_2(\cdot)\hat{v}(t)$ 和$\hat{v}(t)$ 分别是 $w(\cdot, t)$ 和 $v(t)$ 的估计，其中 $\hat{w}_2(\cdot, t)$ 和 $\hat{v}(t)$ 分别是 $w_2(\cdot, t)$ 和 $v(t)$ 的估计。综合（4.50）、（4.104）、（4.46）和（4.47）可得

$$\begin{pmatrix} \hat{w}(\cdot, t) \\ \hat{v}(t) \end{pmatrix} = \begin{pmatrix} I & \Psi_2 \\ 0 & I \end{pmatrix} \begin{pmatrix} \hat{w}_2(\cdot, t) \\ \hat{v}(t) \end{pmatrix}, \quad t \geqslant 0. \tag{4.108}$$

因此，$\hat{w}(\cdot, t)$ 和 $\hat{v}(t)$ 分别是 $w(\cdot, t)$ 和 $v(t)$ 的估计。

对任意初始状态 $(w(\cdot, 0), \phi(\cdot, 0), v(0)) \in \mathcal{H}$ 和控制 $u \in L^2_{\mathrm{loc}}(0, \infty)$，控制系统（4.6）存在唯一解 $(w, \phi, v) \in C([0, \infty); \mathcal{H})$。通过引理4.7，系统（4.50）和（4.49）是适定的。根据（4.108）可知（4.106）成立。结合（4.45），（4.103）和（4.108）可得（4.107）成立。

注记4.9 结合条件 $\Psi'_2(1)=0$ 求解（4.53）可得

$$\begin{cases} T_1 = (Q-\beta F)\left[f(G-\lambda I) - \beta\cosh(G-\lambda I)^{\frac{1}{2}}\right]\left[f(G-\lambda I)\right]^{-1}, \\ T_2 = (\beta F - Q)\cosh(G-\lambda I)^{\frac{1}{2}}\left[f(G-\lambda I)\right]^{-1}, \\ f(G-\lambda I) = (G-\lambda I)^{\frac{1}{2}}\sinh(G-\lambda I)^{\frac{1}{2}} + \beta\cosh(G-\lambda I)^{\frac{1}{2}}, \end{cases} \tag{4.109}$$

其中矩阵函数 $f(G-\lambda I)$ 可逆（见引理4.5）。根据（4.109）和 $F_1=F-T_2$ 可得

$$F = \left[F(G-\lambda I)^{\frac{1}{2}}\sinh(G-\lambda I)^{\frac{1}{2}} + Q\cosh(G-\lambda I)^{\frac{1}{2}}\right]\left[f(G-\lambda I)\right]^{-1}. \tag{4.110}$$

4.4 数值仿真

为验证理论结论成立，本节对闭环系统（4.40）进行数值仿真。采用有限

差分方法对系统（4.40）进行离散，时间离散步长和空间离散步长分别选为 0.0001 和 0.02。采用极点配置设定

$$\begin{cases}\lambda=0.5,\ \tau=1,\ F=(0,\ 1),\ Q=(1,\ 0), \\ G=\begin{pmatrix}\lambda & 1 \\ -1 & \lambda\end{pmatrix}.\end{cases} \tag{4.111}$$

初始状态设定为

$$v(0)=(0,\ 0.17)^{\top},\ w(x,\ 0)=\sin x,$$
$$\phi(x,\ 0)=x,\ x\in[0,\ 1]. \tag{4.112}$$

采用以上设定，闭环系统（4.40）的热方程状态在图 4.2（a）中展示。输出跟踪结果在图 4.2（b）中展示。图示表明热方程状态 w 有界，性能输出有效地跟踪到参考信号。因此控制器是有效的，理论结果成立。

4.5　本章小结

本章主要研究带有输入时滞和干扰的一维反应扩散方程的性能输出跟踪问题。设计全状态反馈控制达到性能输出指数跟踪参考信号的目的。通过新颖的变换，输入时滞造成的困难得到有效的解决。通过轨道方法[63] 解决非同位带来的问题，通过偏微分方程 backstepping 方法解决反应扩散方程中不稳定源项带来的困难。设计基于误差的观测器，该观测器能同时估计系统状态和干扰。最后成功证明闭环系统指数稳定。

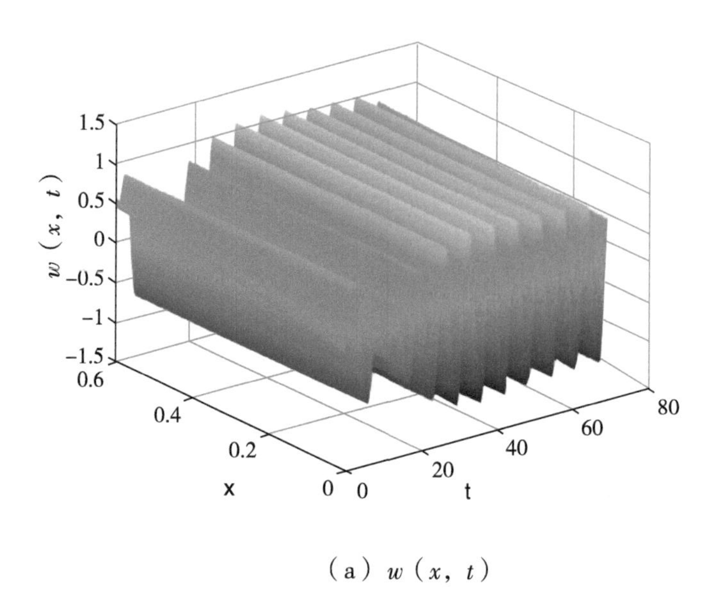

(a) $w(x, t)$

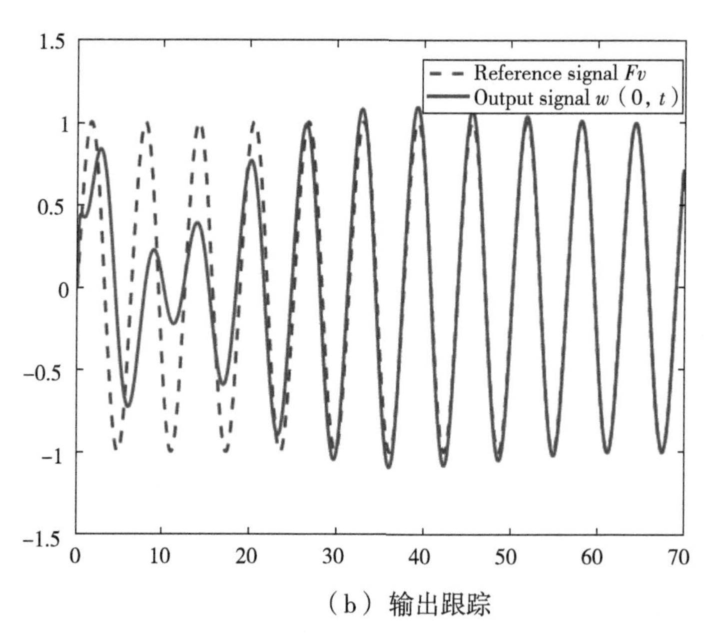

(b) 输出跟踪

图 4.2 闭环系统（4.40）的状态和输出跟踪结果①

① The states of closed-loop systerm (4.40) and the results of output tracking.

第 5 章
带有热执行动态和边界干扰的ODE系统的输出反馈镇定

5.1　研究背景与问题描述

在工程应用中，电磁级联[33]、机械级联[34] 和级联化学反应[35] 等许多问题可以建模为 ODE-PDE 级联系统。ODE-PDE 级联系统的控制问题可以看作带有执行动态的 ODE 系统的控制问题，其中执行动态是 PDE 系统[36]。Backstepping 方法成功解决各种偏微分方程的动态补偿问题[70]。文献[22] 通过 backstepping 方法解决具有执行时滞和传感器时滞的问题。无穷维动力学的 backstepping 方法可以推广到更多复杂的问题，如热方程动态[108,109,110,111]、波方程动态[112,113,114] 和 Schrödinger 方程动态[134]。Backstepping 方法威力强大但也存在缺点。例如，backstepping 方法依赖于目标系统的选择，这种选择依靠直觉而不是数学理论分析，这就使得 backstepping 方法具有极大的局限性。目标系统选择不恰当可能导致 backstepping 方法无法使用。Backstepping 方法的另一缺点是变换核函数的求解通常要归结为求解偏微分方程，大部分偏微分方程的求解是非常困难的。这使得 backstepping 方法无法解决 Euler-Bernoulli 梁方程的某些问题。最近，文献[45] 提出解决 Euler-Bernoulli 梁执行动态补偿问题的方法。与传统的 backstepping 方法[22] 不同，新提出的方法所得的核函数总是满足常微分方程，这样的核函数总是解析可解的，比由偏微分方程生成的核函数容易求解。

另外，在实际的工业控制应用中，由于建模的不确定性和环境干扰，经常会出现不确定的干扰。自抗扰控制可以应用于带有干扰的 PDE 系统[54,55,56,57,59,115]，也可以应用于带有干扰的 ODE-热级联系统[60]，ODE-波级联系统[61] 和 ODE-双曲方程级联系统[62]。文献[60,61,62] 中观测器的设计需要高增益或者要求干扰的导数是有界的，这些要求在实际工程应用中实现相对比较困难。为克服上述限制，文献[116] 针对带有干扰的一维反稳定波方程提出无穷维干扰估计器，这种无穷维干扰估计器代替传统的 ESO。利用这个方法，作者继续考虑带有干扰的一维反稳定热方程的输出反馈稳定性问题[64]，提出未知型输入观测器，受文献[64,116] 的启发，带有与边界控制同位干扰的其他类型 PDE 问题被许多研究者研究，如文献[65,66,67,87]。

本章研究带有热执行动态的 ODE 系统，热执行动态的输入端带有干扰：

$$\begin{cases}\dot{X}_w(t)=AX_w(t)+Bw(0,t), & t>0,\\ w_t(x,t)=w_{xx}(x,t), & 0<x<1,\ t>0,\\ w_x(0,t)=cw(0,t), & t\geqslant 0,\\ w_x(1,t)=d(t)+u(t), & t\geqslant 0,\\ y_{out}(t)=\{CX_w(t),w(1,t)\}, & t\geqslant 0,\end{cases}\tag{5.1}$$

其中 $X_w\in\mathbb{R}^n$ 是 X_w-子系统的状态，$w\in L^2(0,1)$ 是 w-子系统的状态，$A\in\mathbb{R}^{n\times n}$，$B\in\mathbb{R}^n$，$C\in\mathbb{R}^{1\times n}$，$c>0$ 是常数，$u(t)$ 是控制输入，$y_{out}(t)$ 是测量输出，$d(t)$ 是干扰。

本章的目标是设计控制器 u 指数镇定系统（5.1）。由于控制器 u 通过 w-子系统间接安装在控制装置 ODE 系统上，那么如何补偿热方程执行动态是控制器设计的难点。假设 (A,B) 可控，(A,C) 可观，矩阵 A 满足

$$\sigma(A)\subset\{\lambda\in\mathbb{C}\mid \mathrm{Re}\lambda\geqslant 0\}.\tag{5.2}$$

注记 5.1 如果 $\sigma(A)\subset\{\lambda\in\mathbb{C}\mid \mathrm{Re}\lambda<0\}$，那么 ODE 系统已经稳定，在没有干扰的情况下不再需要设计控制器。因此在整篇文章中假设条件（5.2）成立。

本章接下来的部分按如下安排：5.2，设计干扰估计器和未知输入无穷维状

态观测器，这部分用到自抗扰控制中的估计/消除策略，没有用高增益以及内模原理；5.3，应用执行动态补偿方法设计全状态反馈控制器。由于线性系统的分离性原理，根据输入型观测器和状态反馈率可以得到基于观测器的输出反馈律；5.4 给出闭环系统的数值仿真；5.5 给出本章小结。

5.2　未知型输入状态观测器设计

本节将通过自抗扰控制方法设计 ODE-PDE 系统的观测器，设计过程不涉及高增益和干扰导数的有界性。本节在输入未知的情况下，利用系统（5.1）的输入和输出设计观测器。不同于文献[64] 中分三步设计观测器，本节设计未知型输入观测器仅用两步就可以完成，简化文献[64] 中的结果。首先，通过干扰估计器估计干扰；其次，通过对干扰进行补偿，得到未知输入型观测器。整个设计过程分以下两步完成：

Step 1. 设计系统（5.1）的干扰估计器

控制系统（5.1）的干扰估计器设计如下：

$$
\begin{cases}
\dot{\hat{Y}}_{\hat{d}}(t) = (A+LC)\hat{Y}_{\hat{d}}(t) + B\hat{d}(0,t), & t>0, \\
\hat{d}_t(x,t) = \hat{d}_{xx}(x,t), & 0<x<1,\ t>0, \\
\hat{d}_x(0,t) = c\hat{d}(0,t), & t\geqslant 0, \\
\hat{d}(1,t) = w(1,t) - z(1,t), & t\geqslant 0, \\
\dot{Y}_z(t) = AY_z(t) + L(CY_z(t) - CX_w(t)) + Bz(0,t), & t>0, \\
z_t(x,t) = z_{xx}(x,t), & 0<x<1,\ t>0, \\
z_x(0,t) = cz(0,t), & t\geqslant 0, \\
z_x(1,t) = u(t), & t\geqslant 0,
\end{cases}
\tag{5.3}
$$

其中 $c>0$ 是常数，选取 $L\in\mathbb{R}^n$ 使得矩阵 $A+LC$ 是 Hurwitz 阵，系统（5.3）的主要特征是系统（5.3）完全由原始系统（5.1）的输入和输出决定。接着证明系统（5.3）确实是干扰估计器。事实上，设

$$(\hat{Y}_{\hat{z}}(t),\hat{z}(x,t))=(X_w(t)-Y_z(t),w(x,t)-z(x,t)),\tag{5.4}$$

$$(\tilde{X}_{\tilde{d}}(t),\tilde{d}(x,t))=(\hat{Y}_{\hat{z}}(t)-\hat{Y}_{\hat{d}}(t),\hat{z}(x,t)-\hat{d}(x,t)),\tag{5.5}$$

那么根据（5.1）和（5.3）可得（$\hat{Y}_{\hat{z}}$，$\hat{z}$，$\tilde{X}_{\tilde{d}}$，$\tilde{d}$）-误差系统为

$$\begin{cases}\dot{\hat{Y}}_{\hat{z}}(t)=(A+LC)\hat{Y}_{\hat{z}}(t)+B\hat{z}(0,t), & t>0,\\ \hat{z}_t(x,t)=\hat{z}_{xx}(x,t), & 0<x<1,\ t>0,\\ \hat{z}_x(0,t)=c\hat{z}(0,t), & t\geqslant 0,\\ \hat{z}_x(1,t)=d(t), & t\geqslant 0,\\ \dot{\tilde{X}}_{\tilde{d}}(t)=(A+LC)\tilde{X}_{\tilde{d}}(t)+B\tilde{d}(0,t), & t>0,\\ \tilde{d}_t(x,t)=\tilde{d}_{xx}(x,t), & 0<x<1,\ t>0,\\ \tilde{d}_x(0,t)=c\tilde{d}(0,t), & t\geqslant 0,\\ \tilde{d}(1,t)=0, & t\geqslant 0,\end{cases}\tag{5.6}$$

由于系统（5.6）是（$\hat{Y}_{\hat{z}}$，$\hat{z}$）-子系统和（$\tilde{X}_{\tilde{d}}$，$\tilde{d}$）-子系统的级联系统，

$(\hat{Y}_{\hat{z}},\ \hat{z})$ –子系统不依赖 $(\tilde{X}_{\tilde{d}},\ \tilde{d})$ –子系统，因此首先在状态空间 $\mathcal{H}=\mathbb{R}^n\times L^2(0,\ 1)$ 中考虑 $(\tilde{X}_{\tilde{d}},\ \tilde{d})$ –子系统。

引理5.2 设 $c>0$，$A\in\mathbb{R}^{n\times n}$，$B\in\mathbb{R}^n$，$C\in\mathbb{R}^{1\times n}$，$(A,\ C)$ 可观，那么对任意初始状态 $(\tilde{X}_{\tilde{d}}(0),\ \tilde{d}(\cdot,\ 0))\in\mathcal{H}$，系统（5.6）中的 $(\tilde{X}_{\tilde{d}},\ \tilde{d})$ –子系统存在唯一解 $(\tilde{X}_{\tilde{d}},\ \tilde{d})\in C([0,\ \infty);\ \mathcal{H})$ 使得 $\tilde{d}_x(1,\ t)$ 满足如下不等式：

$$|\tilde{d}_x(1,\ t)|\leqslant M_1 e^{w_1 t},\ t\geqslant 0, \tag{5.7}$$

其中 M_1，w_1 是不依赖于 t 的正常数。

证明 由于 $(A,\ C)$ 可观，那么存在矩阵 $L\in\mathbb{R}^n$ 使得 $A+LC$ 是 Hurwitz 阵。定义算子 $\mathcal{A}_1$：$D(\mathcal{A}_1)\subset\mathcal{H}\to\mathcal{H}$ 为

$$\begin{cases}\mathcal{A}_1(f,\ g)=((A+LC)f+Bg(0),\ g''),\ \forall(f,\ g)\in D(\mathcal{A}_1),\\ D(\mathcal{A}_1)=\{(f,\ g)\in\mathbb{R}^n\times H^2(0,\ 1)\ |\ f'(0)=cf(0),\ f(1)=0\}.\end{cases} \tag{5.8}$$

由于 $(\tilde{X}_{\tilde{d}},\ \tilde{d})$ –子系统是稳定有限维系统和指数稳定系统的级联系统，那么 $\mathcal{A}_1$ 在 $\mathcal{H}$ 上生成指数稳定的 C_0–半群[93, Lemma 5.1]。换句话说，对任意 $(\tilde{X}_{\tilde{d}}(0),\ \tilde{d}(\cdot,\ 0))\in\mathcal{H}$，$(\tilde{X}_{\tilde{d}},\ \tilde{d})$ –子系统存在唯一经典解 $(\tilde{X}_{\tilde{d}},\ \tilde{d})\in C[0,\ \infty);\ \mathcal{H})$。另外，根据[64, Lemma 3.1] 可知（5.7）成立。

注记5.3 根据系统（5.5）和系统（5.6）可得：

$$\tilde{d}_x(1,\ t)=\hat{z}_x(1,\ t)-\hat{d}_x(1,\ t)=d(t)-\hat{d}_x(1,\ t), \tag{5.9}$$

结合引理5.2中的（5.7）可知，当$t\to\infty$时，$\hat{d}_x(1,t)$可以看作是干扰$d(t)$的估计。换句话说，$\hat{d}_x(1,t)$中包含$d(t)$的充分估计。

接下来在状态空间$\mathcal{H}$中讨论系统（5.6）的$(\hat{Y}_{\hat{z}},\hat{z})$-子系统。

引理5.4 设$c>0$，$A\in\mathbb{R}^{n\times n}$，$B\in\mathbb{R}^{n}$，$C\in\mathbb{R}^{1\times n}$，$(A,C)$可观。那么对任意$(\hat{Y}_{\hat{z}}(0),\hat{z}(\cdot,0))\in\mathcal{H}$和干扰$d(t)\in L^2_{\text{loc}}(0,\infty)$，系统（5.6）的$(\hat{Y}_{\hat{z}},\hat{z})$-子系统存在唯一解$(\hat{Y}_{\hat{z}},\hat{z})\in C([0,\infty);\mathcal{H})$并且有：

1. 如果设$d(t)\in L^\infty(0,\infty)$，那么存在不依赖于$t$的常数$M_2>0$使得

$$\sup_{t\in[0,\infty)}\|(\hat{Y}_{\hat{z}}(t),\hat{z}(\cdot,t))\|_{\mathcal{H}}\leqslant\|(\hat{Y}_{\hat{z}}(0),\hat{z}(\cdot,0))\|_{\mathcal{H}}+M_2\|d\|_{L^\infty(0,\infty)}<+\infty. \tag{5.10}$$

2. 如果当$t\to\infty$时$d(t)\to0$，那么

$$\|\hat{Y}_{\hat{z}}(t),\hat{z}(\cdot,t)\|_{\mathcal{H}}\to0,\quad t\to\infty. \tag{5.11}$$

证明 定义算子$\mathcal{A}_2$：$D(\mathcal{A}_2)\subset\mathcal{H}\to\mathcal{H}$为

$$\begin{cases}\mathcal{A}_2(f,g)=((A+LC)f+Bg(0),g''),\ \forall(f,g)\in D(\mathcal{A}_2),\\ D(\mathcal{A}_2)=\{(f,g)\in\mathbb{R}^n\times H^2(0,1)\mid f'(0)=cf(0),f'(1)=0\}.\end{cases} \tag{5.12}$$

那么系统（5.6）的$(\hat{Y}_{\hat{z}},\hat{z})$-子系统可以写为抽象形式

$$\frac{d}{dt}Z(\cdot,t)=\mathcal{A}_2Z(\cdot,t)+\mathcal{B}d(t), \tag{5.13}$$

其中$Z(\cdot,t)=(\hat{Y}_{\hat{z}}(t),\hat{z}(\cdot,t))$，$\mathcal{B}=(0,\delta(-1))$，$\delta(\cdot)$是Dirac分布。由于$(\hat{Y}_{\hat{z}},\hat{z})$-子系统是由稳定有限维系统和指数稳定系统构成的级联系统，那么算子$\mathcal{A}_2$在$\mathcal{H}$上生成指数稳定的C_0-半群[93, Lemma 5.1]。根据文献[60]，简单计算可知$\mathcal{B}$关于半群$e^{\mathcal{A}_2t}$允许。由于算子$\mathcal{A}_2$在$\mathcal{H}$上生成指数稳定的C_0-半

群，$\mathcal{B}$关于半群 $e^{\mathcal{A}_2 t}$ 允许，结合文献[107] 中的注记2.6可直接得出不等式（5.10）成立。根据算子$\mathcal{A}_2$生成指数稳定的C_0-半群可得收敛性（5.11）成立。

Step 2. 根据估计对干扰进行补偿，得到基于估计的观测器

观测器设计如下：

$$\begin{cases} \dot{\hat{X}}_{\hat{w}}(t)=A\hat{X}_{\hat{w}}(t)+L(C\hat{X}_{\hat{w}}(t)-CX_w(t))+B\hat{w}(0,t), \\ \hat{w}_t(x,t)=\hat{w}_{xx}(x,t), \\ \hat{w}_x(0,t)=c\hat{w}(0,t), \\ \hat{w}_x(1,t)=u(t)+\hat{d}_x(1,t), \end{cases} \tag{5.14}$$

其中$c>0$是常数，选取$L\in\mathbb{R}^n$使得矩阵$A+LC$是Hurwitz阵。仔细观察系统（5.14）可以发现，除$\hat{d}_x(1,t)$项用于补偿未知干扰外，观测器（5.14）与系统不含干扰时设计的观测器一样。

结合Steps 1-2，系统（5.1）的未知输入型观测器设计为

$$
\begin{cases}
\dot{\hat{X}}_{\hat{w}}(t)=A\hat{X}_{\hat{w}}(t)+L(C\hat{X}_{\hat{w}}(t)-CX_w(t))+B\hat{w}(0,t), & t>0,\\
\hat{w}_t(x,t)=\hat{w}_{xx}(x,t), & 0<x<1,\ t>0,\\
\hat{w}_x(0,t)=c\hat{w}(0,),\hat{w}_x(1,t)=u(t)+\hat{d}_x(1,t), & t\geqslant 0,\\
\dot{\hat{Y}}_{\hat{d}}(t)=(A+LC)\hat{Y}_{\hat{d}}(t)+B\hat{d}(0,t), & t>0,\\
\hat{d}_t(x,t)=\hat{d}_{xx}(x,t), & 0<x<1,\ t>0,\\
\hat{d}_x(0,t)=c\hat{d}(0,t), & t\geqslant 0,\\
\hat{d}(1,t)=w(1,t)-z(1,t), & t\geqslant 0,\\
\dot{Y}_z(t)=AY_z(t)+L(CY_z(t)-CX_w(t))+Bz(0,t), & t>0,\\
z_t(x,t)=z_{xx}(x,t), & 0<x<1,\ t>0,\\
z_x(0,t)=cz(0,t),\ z_x(1,t)=u(t), & t\geqslant 0,
\end{cases}
\tag{5.15}
$$

其中（Y_z，z）是辅助变量，（$\hat{Y}_{\hat{d}}$，$\hat{d}$）用来估计干扰，当$t\to\infty$时（$\hat{X}_{\hat{w}}$，$\hat{w}$）可以看作（X_w，w）的估计。系统（5.15）完全由原始系统（5.1）的输入和输出决定。观测器（5.15）看起来有些复杂，通过如下可逆变化可以清楚地看出观测器的设计思想。令

$$\begin{pmatrix} \hat{X}_{\hat{w}} \\ \hat{w} \\ \hat{Y}_{\hat{d}} \\ \hat{d} \\ Y_z \\ z \\ \hat{Y}_{\hat{z}} \\ \hat{z} \end{pmatrix} = \begin{pmatrix} I & 0 & 0 & 0 & -I & 0 & 0 & 0 \\ 0 & I & 0 & 0 & 0 & -I & 0 & 0 \\ 0 & 0 & I & 0 & 0 & 0 & -I & 0 \\ 0 & 0 & 0 & I & 0 & 0 & 0 & -I \\ I & 0 & -I & 0 & 0 & 0 & 0 & 0 \\ 0 & I & 0 & -I & 0 & 0 & 0 & 0 \\ 0 & 0 & I & 0 & 0 & 0 & 0 & 0 \\ 0 & 0 & 0 & I & 0 & 0 & 0 & 0 \end{pmatrix} \begin{pmatrix} X_w \\ w \\ \hat{Y}_{\hat{z}} \\ \hat{z} \\ \widetilde{X}_{\varepsilon} \\ \varepsilon \\ \widetilde{X}_{\widetilde{d}} \\ \widetilde{d} \end{pmatrix}, \tag{5.16}$$

通过可逆变换（5. 16），观测器（5. 15）是适定的当且仅当如下系统是适定的：

$$
\begin{cases}
\dot{X}_w(t) = AX_w(t) + Bw(0, t), \\
w_t(x, t) = w_{xx}(x, t), \\
w_x(0. t) = cw(0, t), \\
w_x(1, t) = u(t) + d(t), \\
\dot{\hat{Y}}_{\hat{z}}(t) = (A+LC)\hat{Y}_{\hat{z}}(t) + B\hat{z}(0, t), \\
\hat{z}_t(x, t) = \hat{z}_{xx}(x, t), \\
\hat{z}_x(0, t) = c\hat{z}(0, t), \\
\hat{z}_x(1, t) = d(t), \\
\dot{\tilde{X}}_\varepsilon(t) = (A+LC)\tilde{X}_\varepsilon(t) + B\varepsilon(0, t), \\
\varepsilon_t(x, t) = \varepsilon_{xx}(x, t), \\
\varepsilon_x(0, t) = c\varepsilon(0, t), \\
\varepsilon_x(1, t) = \tilde{d}_x(1, t), \\
\dot{\tilde{X}}_{\tilde{d}}(t) = (A+LC)\tilde{X}_{\tilde{d}}(t) + B\tilde{d}(0, t), \\
\tilde{d}_t(x, t) = \tilde{d}_{xx}(x, t), \\
\tilde{d}_x(0, t) = c\tilde{d}(0, t), \\
\tilde{d}(1, t) = 0.
\end{cases}
\tag{5.17}
$$

系统（5.17）中（$\tilde{X}_\varepsilon$，ε，$\tilde{X}_{\tilde{d}}$，$\tilde{d}$）-子系统不依赖（X_w，w，$\hat{Y}_{\hat{z}}$，$\hat{z}$）-子系统。所以首先在引理5.5中讨论系统（5.17）的（$\tilde{X}_\varepsilon$，ε，$\tilde{X}_{\tilde{d}}$，$\tilde{d}$）-子系统。

引理5.5 设$c>0$，$A\in\mathbb{R}^{n\times n}$，$B\in\mathbb{R}^n$，$C\in\mathbb{R}^{1\times n}$，（$A$，$C$）可观，那么对任意（$\tilde{X}_\varepsilon(0)$，$\varepsilon(\cdot, 0)$，$\tilde{X}_{\tilde{d}}(0)$，$\tilde{d}(\cdot, 0)$）$\in\mathcal{H}^2$，系统（5.17）的

$(\tilde{X}_\varepsilon, \varepsilon, \tilde{X}_{\tilde{d}}, \tilde{d})$-子系统存在唯一解 $(\tilde{X}_\varepsilon, \varepsilon, \tilde{X}_{\tilde{d}}, \tilde{d}) \in C([0, \infty); \mathcal{H}^2)$，另外，存在两个正常数 M_3 和 w_3 使得

$$
\begin{aligned}
&|\tilde{X}_\varepsilon(t)|^2 + \|\varepsilon(\cdot, t)\|^2 + |\tilde{X}_{\tilde{d}}(t)|^2 + \|\tilde{d}(\cdot, 0)\|^2 \leqslant \\
&\quad M_3 e^{-w_3 t}(|\tilde{X}_\varepsilon(0)|^2 + \|\varepsilon(\cdot, 0)\|^2 + |\tilde{X}_{\tilde{d}}(0)|^2 + \\
&\quad \|\tilde{d}(\cdot, 0)\|^2).
\end{aligned}
\tag{5.18}
$$

证明 根据文献[64, Lemma 2.2]、文献[93, Lemma 5.1]和 $(\tilde{X}_\varepsilon, \varepsilon, \tilde{X}_{\tilde{d}}, \tilde{d})$-子系统的级联结构，易得引理5.5的结论成立。

定理5.6 设 $c>0$ 是常数，矩阵 $A \in \mathbb{R}^{n\times n}$，$B \in \mathbb{R}^n$，$C \in \mathbb{R}^{1\times n}$，$(A, C)$ 可观，那么对任意 $(\hat{X}_{\hat{w}}(0), \hat{w}(\cdot, 0), \hat{Y}_{\hat{d}}(0), \hat{d}(\cdot, 0), Y_z(0), z(\cdot, 0)) \in \mathcal{H}^3$，$u(t) \in L^2_{\text{loc}}(0, \infty)$ 和 $d(t) \in L^2_{\text{loc}}(0, \infty)$，系统(5.15)存在唯一解 $(\hat{X}_{\hat{w}}, \hat{w}, \hat{Y}_{\hat{d}}; \hat{d}, Y_z, z) \in C([0, \infty); \mathcal{H}^3)$ 满足

$$
e^{w_4 t}\|\hat{X}_{\hat{w}}(t) - X_w(t), \hat{w}(\cdot, t) - w(\cdot, t)\|_{\mathcal{H}} \to 0, \quad t \to \infty,
\tag{5.19}
$$

其中 w_4 是不依赖于 t 的正常数。

证明 系统(5.17)中 $(\tilde{X}_\varepsilon, \varepsilon, \tilde{X}_{\tilde{d}}, \tilde{d})$-子系统不依赖 $(X_w, w, \hat{Y}_{\hat{z}}, \hat{z})$-子系统。通过引理5.5，对于初值 $(\tilde{X}_\varepsilon(0), \varepsilon(\cdot, 0), \tilde{X}_{\tilde{d}}(0), \tilde{d}(\cdot, 0))$，系统(5.17)的 $(\tilde{X}_\varepsilon, \varepsilon, \tilde{X}_{\tilde{d}}, \tilde{d})$-子系统存在唯一解使得

$$
\|(\tilde{X}_\varepsilon, \varepsilon)\|_{\mathcal{H}} + \|(\tilde{X}_{\tilde{d}}, \tilde{d})\|_{\mathcal{H}} \to 0, \quad t \to \infty.
\tag{5.20}
$$

假设 $u(t) \in L^2_{\mathrm{loc}}(0,\infty)$，$d(t) \in L^2_{\mathrm{loc}}(0,\infty)$，对任意初始状态 $(X_w, w) \in \mathcal{H}$，系统（5.17）的 (X_w, w) -子系统存在唯一解 $(X_w, w) \in C([0,\infty); \mathcal{H})$。系统（5.17）的 $(\hat{Y}_{\hat{z}}, \hat{z})$ -子系统是带有非齐次项 $d(t) \in L^2_{\mathrm{loc}}(0,\infty)$ 的线性系统。通过引理 5.4，对于初值 $(\hat{Y}_{\hat{z}}(0), \hat{z}(,0)) \in \mathcal{H}$，$(\hat{Y}_{\hat{z}}, \hat{z})$ -子系统存在唯一解 $(\hat{Y}_{\hat{z}}, \hat{z}) \in C([0,\infty); \mathcal{H})$。最后，系统（5.17）的解 $(X_w, w, \hat{Y}_{\hat{z}}, \hat{z}, \tilde{X}_\varepsilon, \varepsilon, \tilde{X}_{\tilde{d}}, \tilde{d})$ 是适定的，根据可逆变换（5.16），简单计算可知 $(\hat{X}_{\hat{w}}, \hat{w}, \hat{Y}_{\hat{d}}, \hat{d}, Y_z, z, \hat{Y}_{\hat{z}}, \hat{z}) \in C([0,\infty); \mathcal{H}^4)$ 是系统（5.15）的解，再次使用变换（5.16）可得

$$(\tilde{X}_\varepsilon(t), \varepsilon(x,t)) = (X_w(t) - \hat{X}_{\hat{w}}(t), w(x,t) - \hat{w}(x,)). \tag{5.21}$$

根据（5.20）可得收敛性（5.19）成立。

5.3 反馈控制器设计

上一节成功对干扰 $d(t)$ 进行估计，那么根据估计/消除策略，系统（5.1）的控制器可以设计为：

$$u(t) = u_1(t) - d(t), \tag{5.22}$$

其中 $u_1(t)$ 是需要设计的新控制器。根据控制器（5.22），系统（5.1）变为

$$\begin{cases} \dot{X}_w(t) = AX_w(t) + Bw(0,t), \\ w_t(x,t) = w_{xx}(x,t), \\ w_x(0,t) = cw(0,t), \\ w_x(1,t) = u_1(t). \end{cases} \tag{5.23}$$

不同于现有文献[22,11,117] 中使用的 PDE backstepping 方法，本节将使用执行动态补偿方法设计控制器 u_1。系统（5.23）中控制器 u_1 没有直接与 X_w-子系统相连接，而是位于热执行动态的 $x=1$ 端，这一现象的出现给控制器设计带来很大困难。不同于 backstepping 变换，引入如下变换：

$$(\tilde{X}_w(t),\ w(\cdot,t)) = (I+\mathbf{P})(X_w(t),\ w(\cdot,t)), \tag{5.24}$$

其中 I 是$\mathcal{H}$上的恒等算子，

$$\mathbf{P}(X_w(t),\ w(\cdot,t)) = \left(\int_0^1 \gamma(x) w(x,t)\, dx,\ 0\right). \tag{5.25}$$

$\gamma(\cdot): [0,1] \to \mathbb{R}^n$ 是待定的向量值函数。简单计算可知变换 $I+\mathbf{P}$ 可逆，其逆是 $I-\mathbf{P}$。沿着系统（5.23）求导可得

$$\begin{aligned}\dot{\tilde{X}}_w(t) &= A\tilde{X}_w(t) + \int_0^1 [\gamma''(x) - A\gamma(x)] w(x,t)\, dx + \\ &[B - c\gamma(0) + \gamma'(0)] w(0,t) - \gamma'(1) w(1,t) + \gamma(1) u_1(t).\end{aligned} \tag{5.26}$$

如果选择 γ 为

$$\begin{cases}\gamma''(x) = A\gamma(x), \\ \gamma'(0) - c\gamma(0) + B = 0, \\ \gamma'(1) = 0,\end{cases} \tag{5.27}$$

其中 $c>0$，那么（5.26）变为

$$\dot{\tilde{X}}_w(t) = A\tilde{X}_w(t) + \gamma(1) u_1(t). \tag{5.28}$$

由于系统（5.27）是常微分方程，那么根据常微分方程理论可知 γ 是适定的，可以解析的表示为

$$\gamma(x)=B(\widetilde{A}\sinh\widetilde{A}+c\cosh\widetilde{A})^{-1}\cosh(\widetilde{A}(x-1)),\widetilde{A}^2=A. \quad (5.29)$$

进一步有

$$\gamma(1)=B(\widetilde{A}\sinh\widetilde{A}+c\cosh\widetilde{A})^{-1}. \quad (5.30)$$

现在，状态反馈控制器设计为

$$u_1(t)=K\widetilde{X}_w(t), \quad (5.31)$$

其中 K 是列向量使得 $A+\gamma(1)K$ 是 Hurwitz 阵。根据控制器（5.31），系统（5.28）的闭环系统为

$$\begin{cases}\dot{\widetilde{X}}_w(t)=(A+\gamma(1)K)\widetilde{X}_w(t),\\ w_t(x,t)=w_{xx}(x,t),\\ w_x(0,t)=cw(0,t),\\ w_x(1,t)=K\widetilde{X}_w(t),\end{cases} \quad (5.32)$$

闭环系统（5.32）是两个指数稳定系统的级联系统。通过变换（5.24），控制器（5.22）变为

$$u(t)=K\left(X_w(t)+\int_0^1\gamma(x)w(x,t)dx\right)-d(t), \quad (5.33)$$

因此原始系统（5.1）的闭环系统为

$$
\begin{cases}
\dot{X}_w(t) = AX_w(t) + Bw(0, t), \\
w_t(x, t) = w_{xx}(x, t), \\
w_x(0, t) = cw(0, t), \\
w_x(1, t) = K\left(X_w(t) + \int_0^1 \gamma(x) w(x, t) dx\right).
\end{cases}
\tag{5.34}
$$

引理 5.7　设 $c>0$ 是调节参数，f_1：$\mathbb{C} \to \mathbb{C}$ 是连续函数，矩阵 $A \in \mathbb{R}^{n\times n}$ 满足 (5.2)，那么矩阵函数

$$
f_1(A) = c\cosh\tilde{A} + \tilde{A}\sinh\tilde{A}, \tilde{A}^2 = A \tag{5.35}
$$

可逆。

证明　令

$$
f_1(\lambda_1) = c\cosh\tilde{\lambda}_1 + \tilde{\lambda}_1\sinh\tilde{\lambda}_1, \tilde{\lambda}_1^2 = \lambda_1,\quad \forall \lambda_1 \in \mathbb{C}, \tag{5.36}
$$

直接计算可知 $f_1(\lambda_1) = 0$ 是如下算子的特征方程

$$
\begin{cases}
\mathcal{A}_4 f = f'',\quad \forall f \in D(\mathcal{A}_4), \\
D(\mathcal{A}_4) = \{f \in H^2(0, 1) \mid f'(0) = cf(0), f'(1) = 0\}.
\end{cases}
\tag{5.37}
$$

由于算子 $\mathcal{A}_4$ 在 $L^2(0, 1)$ 上生成指数稳定的解析半群，因此对任意的 $\lambda_1 \in \sigma(A)$，有 $\lambda_1 \in \rho(\mathcal{A}_4)$。这意味着

$$
f_1(\lambda_1) = \tilde{\lambda}_1\sinh\tilde{\lambda}_1 + c\cosh\tilde{\lambda}_1 \neq 0, \tilde{\lambda}_1^2 = \lambda_1,\quad \forall \lambda_1 \in \sigma(A). \tag{5.38}
$$

因此，矩阵函数 $f_1(A)$ 可逆。

命题 5.8　设 f_1：$\mathbb{C} \to \mathbb{C}$ 是连续函数，矩阵 $A \in \mathbb{R}^{n\times n}$ 满足 (5.2)，矩阵函数 $f_1(A)$ 可逆，那么 (A, C) 可观当且仅当 $(A, Cf_1(A))$ 可观。

证明　对任意 $v \in \mathrm{Ker}(A) \cap \mathrm{Ker}(Cf_1(A))$，$\lambda_2 \in \sigma(A)$，有

$$0=Cf_1(A)v=f_1(\lambda_2)Cv. \tag{5.39}$$

通过引理 5.7 可知 $f_1(A)\in\mathbb{C}^{n\times n}$ 可逆。因此，对任意 $\lambda_2\in\sigma(A)$，$f_1(\lambda_2)\neq 0$。根据（5.39）可得 $Cv=0$，也就是说，

$$\mathrm{Ker}(A)\cap\mathrm{Ker}(Cf_1(A))\subset\mathrm{Ker}(A)\cap\mathrm{Ker}(C). \tag{5.40}$$

另一方面，对任意 $v\in\mathrm{Ker}(A)\cap\mathrm{Ker}(C)$ 可得

$$Cf_1(A)v=f_1(\lambda_2)Cv=0. \tag{5.41}$$

根据（5.41）有

$$\mathrm{Ker}(A)\cap\mathrm{Ker}(C)\subset\mathrm{Ker}(A)\cap\mathrm{Ker}(Cf_1(A)). \tag{5.42}$$

通过 Hautus 引理[80, Propostion 1.5.1]，（5.40）以及（5.42）可知 $(A, Cf_1(A))$ 可观当且仅当 (A, C) 可观。

定理 5.9 设 $c\geqslant 0$，$A\in\mathbb{R}^{n\times n}$ 满足（5.2），$B\in\mathbb{R}^n$，(A, B) 可控，那么由（5.29）定义的 $\gamma(\cdot)$ 有意义，此外还存在矩阵 $K\in\mathbb{R}^n$ 使得 $A+\gamma(1)K$ 是 Hurwitz 阵。另外，对任意 $(X_w(0), w(\cdot, 0))\in\mathcal{H}$，系统（5.34）存在唯一解 $(X_w, w)\in C([0, \infty); \mathcal{H})$ 使得

$$e^{w_5 t}\|(X_w(t), w(\cdot, t))\|_{\mathcal{H}}\to 0,\quad t\to\infty, \tag{5.43}$$

其中 w_5 是正常数。

证明 通过引理 5.7 可得，对任意 $c>0$，矩阵 $\widetilde{A}\sinh\widetilde{A}+c\cosh\widetilde{A}$ 可逆，因此，γ 有意义。因为 (A, B) 可控，根据命题 5.8，可观可控的对偶性，（5.30）以及 $\widetilde{A}\sinh\widetilde{A}+\widetilde{A}\cosh\widetilde{A}$ 的可逆性可得 $(A, \gamma(1))$ 可控。因此，存在 $K\in\mathbb{R}^n$ 使得矩阵 $A+\gamma(1)K$ 是 Hurwitz 阵。

根据可逆变换（5.24），只需要证明可逆变换后得到的系统（5.32）的适

定性和指数稳定性即可。定义算子$\mathcal{A}_3$：$D(\mathcal{A}_3)\subset\mathcal{H}\to\mathcal{H}$为

$$\begin{cases}\mathcal{A}_3(f,g)=((A+\gamma(1)K)f,g''),\ \forall(f,g)\in D(\mathcal{A}_3),\\ D(\mathcal{A}_3)=\{(f,g)\in\mathbb{R}^n\times H^2(0,1)\mid g'(0)\\ \qquad =cg(0),\ g'(1)=Kf\}.\end{cases}\tag{5.44}$$

因为系统（5.32）是由有限维系统和指数稳定系统构成的级联系统，那么算子$\mathcal{A}_3$在$\mathcal{H}$上生成指数稳定的C_0-半群[93, Lemma 5.1]。这意味着对任意的$(X_w(0),w(\cdot,0))\in\mathcal{H}$，系统（5.34）存在唯一解$(X_w,w)\in C([0,\infty);\mathcal{H})$使得

$$e^{w_5t}\|(X_w,(t),w(\cdot,t))\|_{\mathcal{H}}\to0,\quad t\to\infty,\tag{5.45}$$

其中w_5是正常数。

注记 5.10　这一节通过可逆变换（5.24）将级联系统（5.23）解耦，这样得到的核函数（5.27）是由常微分方程生成的。与传统的 PDE backstepping 方法不同，核函数（5.27）比一般的偏微分方程简单而且总是解析可解的。系统解耦意味着闭环系统的稳定性分析不再需要设计 Lyapunov 函数。这种变换为设计各种级联系统的控制器提供一种新方法。

5.4　数值仿真

本节对闭环系统（5.34）进行数值仿真。采用有限差分方法离散系统（5.34），时间步长和空间步长分别取 0.008 和 0.2。采用极点配置设定

$$A=1,\ B=1,\ c=1,\ K=-7,\tag{5.46}$$

使得$\sigma(A+\Upsilon(1)K)=1-7e^{-1}<0$。系统（5.34）的初始状态设定为

$$v(0)=1,\ w(x,0)=\sin(\pi x),\ x\in[0,1].\tag{5.47}$$

图 5.1 展示闭环系统（5.34）的状态。图示表明状态光滑的收敛到 0。因此控制器是有效的，理论结果成立。

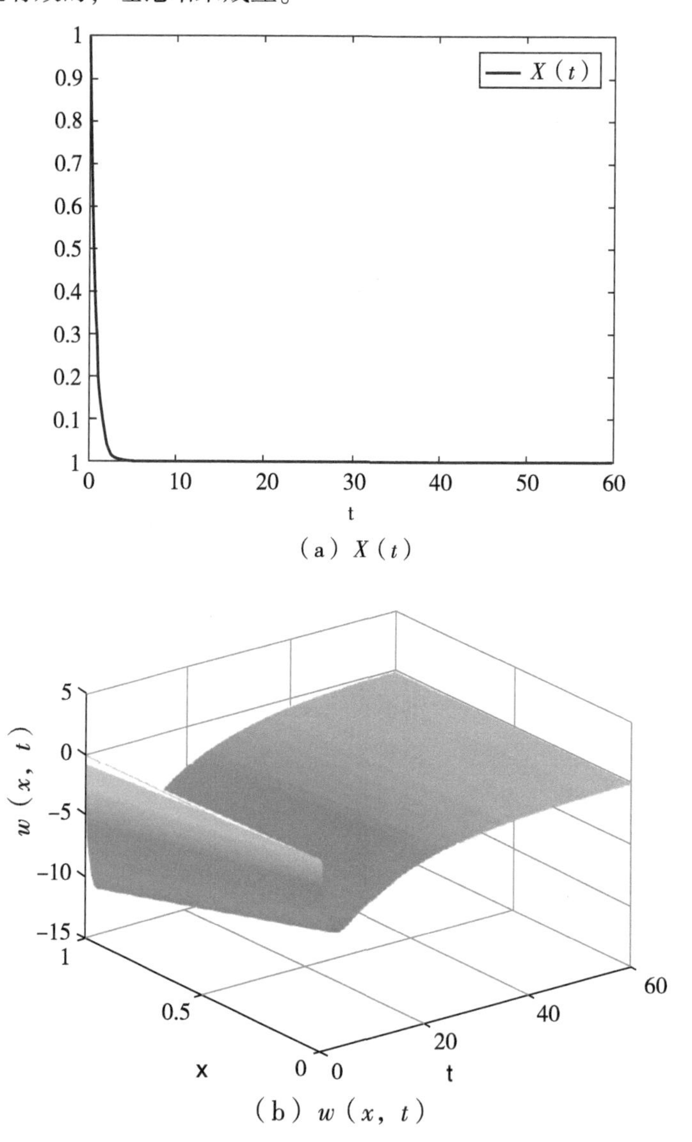

图 5.1　闭环系统（5.34）的状态①

① The states of closed-loop system.

5.5　本章小结

本章主要研究带有热执行动态的 ODE 系统的输出反馈镇定问题，其中控制输入端带有一般性干扰。首先分两步设计未知输入观测器：第一步，设计干扰估计器；第二步，设计基于估计器的状态观测器。其次，对于控制器设计采用执行动态补偿方法，这种方法的核心思想是将级联系统解耦。执行动态补偿方法得到的核函数是简单的 ODE 系统而不是传统的 PDE 系统，使得问题变得简单。另外，系统解耦意味着闭环系统稳定性分析不再需要构造复杂的 Lyapunov 函数，大大降低了问题的复杂性。最后，由于线性系统具有分离性原理，根据状态反馈和状态观测器，可以得到输出反馈。

第 6 章 带有反应扩散执行动态的ODE系统的指数镇定

6.1　研究背景与问题描述

近年来，无穷维执行动态补偿成为控制理论研究的热点问题之一。处理无穷维执行动态补偿的常用方法是 backstepping 变换[111]。在处理带有 PDE 执行动态的 ODE 系统的镇定问题时，backstepping 变换针对 PDE 部分做变换且变换以后得到的核函数也是 PDE。一般而言，PDE 求解比较困难，这就使得 backstepping 变换在某些情况下无法使用，比如高维热方程和 Euler-Bernoulli 梁方程的 backstepping 变换迄今为止仍然是未知的。与 PDE backstepping 变换不同，本章运用执行动态补偿方法[45] 解决 ODE-PDE 级联系统的镇定问题。执行动态补偿方法是针对级联系统中 ODE 部分所做的变换，通过这种方法得到的核函数是常微分方程而不是偏微分方程，显然常微分方程求解更简单，而且由常微分方程生成的核函数的解总是可以解析表出，这样大大减少了计算量，使得控制器的设计更简便易行。另外，在证明闭环系统指数稳定性时，该方法摆脱 Lyapunov 函数的构造，使得证明过程更加简单。

本章考虑通过 Dirichlet 边界连接的 ODE-反应扩散方程级联系统的镇定问题。具体问题见如下系统描述：

$$
\begin{cases}
\dot{X}_w(t)=AX_w(t)+Bw(0,t), & t>0,\\
w_t(x,t)=w_{xx}(x,t)+\mu w(x,t), & 0<x<1,\ t>0,\\
w_x(0,t)=0, & t\geqslant 0,\\
w_x(1,t)=u(t), & t\geqslant 0,
\end{cases}
\tag{6.1}
$$

其中 $u(t)$ 是输入（控制），$X_w\in\mathbb{R}^n$ 和 $w\in L^2(0,1)$ 分别是 X_w-子系统和w-子系统的状态，$A\in\mathbb{R}^{n\times n}$，$B\in\mathbb{R}^n$，$C\in\mathbb{R}^{1\times n}$ 是矩阵，$\mu<0$ 是常数。

这一章的目标是设计控制器指数镇定系统（6.1）。本章中假设 (A,B) 可控，矩阵 A 满足

$$
\sigma(A)\subset\{\lambda\in\mathbb{C}\mid \mathrm{Re}\lambda\geqslant 0\}. \tag{6.2}
$$

6.2 控制器设计与闭环系统

本小节的目标是设计系统（6.1）的控制器 $u(t)$。系统（6.1）中控制器 $u(t)$ 通过 w-子系统生成的执行动态作用在控制装置 X_w-子系统上，因此需要通过执行动态补偿 X_w-子系统。为克服这一困难，引入如下可逆变换：

$$
(\widetilde{X}_w(t),w(\cdot,t))^{\top}=(I+\mathbf{P})(X_w(t),w(\cdot,t))^{\top}, \tag{6.3}
$$

其中 I 在空间$\mathcal{H}=\mathbb{R}^n\times L^2(0,1)$ 上是恒等算子，

$$
\mathbf{P}(X_w(t),w(\cdot,t))^{\top}=\left(\int_0^1\gamma(x)w(x,t)dx,0\right)^{\top}. \tag{6.4}
$$

在（6.4）中，$\gamma(\cdot):[0,1]\to\mathbb{R}^n$ 是待定的向量值函数。简单计算可知变换 $I+\mathbf{P}$ 可逆，它的逆为 $I-\mathbf{P}$。沿着系统（6.1）求导可得

$$\dot{\tilde{X}}_w(t)=A\tilde{X}_w(t)+\int_0^1[\gamma''(x)-A\gamma(x)+\mu\gamma(x)]w(x,t)\,dx$$
$$+[B+\gamma'(0)]w(0,t)-\gamma'(1)w(1,t)+\gamma(1)u(t). \tag{6.5}$$

如果选择 γ 满足条件

$$\begin{cases}\gamma''(x)=(A-\mu)\gamma(x),\\ \gamma'(0)+B=0,\\ \gamma'(1)=0,\end{cases} \tag{6.6}$$

其中 $\mu<0$ 是常数。结合系统（6.5）和系统（6.6）可推出

$$\dot{\tilde{X}}_w(t)=A\tilde{X}(t)+\gamma(1)u(t). \tag{6.7}$$

由于系统（6.6）是常微分方程，根据常微分方程理论可知 γ 适定，可以解析的表示为

$$\gamma(x)=B(\tilde{A}\sinh\tilde{A})^{-1}\cosh\tilde{A}(x-1),\tilde{A}^2=A-\mu. \tag{6.8}$$

另外，进一步计算可得

$$\gamma(1)=B(\tilde{A}\sinh\tilde{A})^{-1}. \tag{6.9}$$

根据系统（6.7），状态反馈控制器可以设计为

$$u(t)=K\tilde{X}_w(t), \tag{6.10}$$

其中 K 是列向量使得 $A+\gamma(1)K$ 是 Hurwitz 阵。根据控制器（6.10），可以得到系统（6.7）的闭环系统是

$$\begin{cases} \dot{\tilde{X}}_w(t) = (A+\gamma(1)K)\tilde{X}_w(t), & t>0, \\ w_t(x,t) = w_{xx}(x,t) + \mu w(x,t), & 0<x<1,\ t>0, \\ w_x(0,t) = 0, & t\geqslant 0, \\ w_x(1,t) = K\tilde{X}_w(t), & t\geqslant 0. \end{cases} \tag{6.11}$$

系统（6.11）是由两个指数稳定系统构成的级联系统。通过可逆变换（6.3），控制器（6.10）变为

$$u(t) = K\left(X_w(t) + \int_0^1 \gamma(x)w(x,t)dx\right). \tag{6.12}$$

根据控制器（6.12）得到系统（6.1）的闭环系统

$$\begin{cases} \dot{X}_w(t) = AX_w(t) + Bw(0,t), & t > 0, \\ w_t(x,t) = w_{xx}(x,t) + \mu w(x,t), & 0 < x < 1,\ t > 0, \\ w_x(0,t) = 0, & t \geqslant 0, \\ w_x(1,t) = K\left(X_w(t) + \int_0^1 \gamma(x)w(x,t)\right)dx, & t \geqslant 0. \end{cases} \tag{6.13}$$

注记 6.1 将本小节控制器的设计过程以及最后控制器的表达形式与文献[111]中的控制器设计做对比，可以发现在本节中设计级联系统（6.1）的控制器时，整个设计过程只进行一次可逆变换（6.3）。本小节变换以后得到的核函数是常微分方程（6.6）且可以解析的表示为（6.8）。最后设计得到的控制器（6.12）比文献[111]中的控制器更简单。

定理 6.2 设矩阵 $A\in\mathbb{R}^{n\times n}$ 满足（6.2），$B\in\mathbb{R}^{n}$，(A, B) 可控。令 $\mu<0$ 是常数，那么由（6.8）定义的 $\gamma(\cdot)$ 有意义，此外还存在矩阵 $K\in\mathbb{R}^{n}$ 使得 $A+\gamma(1)K$ 是 Hurwitz 阵。另外，对任意的 $(X_w(0), w(\cdot,0))\in\mathcal{H}$，系统（6.13）存在唯一解 $(X_w, w)\in C([0,\infty);\mathcal{H})$ 使得

$$e^{wt}\|(X_w(t), w(\cdot, t))\|_{\mathcal{H}}\to 0, \quad t\to\infty, \tag{6.14}$$

其中 w 是正常数。

6.3　主要结果的证明

在证明定理 6.2 之前，首先考虑如下引理。

引理 6.3　令 f: $\mathbb{C}\to\mathbb{C}$ 是连续函数。设矩阵 $A\in\mathbb{R}^{n\times n}$ 满足（6.2），那么矩阵函数

$$f(A)=\widetilde{A}\sinh\widetilde{A}, \widetilde{A}^2=A-\mu \tag{6.15}$$

可逆。

证明　考虑如下热方程系统

$$\begin{cases} w_t(x, t)=w_{xx}(x, t)+\mu w(x, t), & 0<x<1, t>0, \\ w_x(0, t)=0, & t\geqslant 0, \\ w_x(1, t)=0, & t\geqslant 0, \end{cases} \tag{6.16}$$

其中 $\mu<0$ 是常数。定义算子

$$\begin{cases} A_1 f=f''+\mu f, \quad \forall f\in D(A_1), \\ D(A_1)=\{f\in H^2(0, 1) \mid f'(0)=0, f'(1)=0\}. \end{cases} \tag{6.17}$$

由文献[60, Proposition 2.1] 可知算子 A_1 在 $L^2(0, 1)$ 上生成指数稳定的 C_0-半群。接着考虑由（6.17）定义的算子 A_1 的特征值问题，即

$$A_1 f=\lambda_1 f, \quad \forall\lambda_1\in\sigma(A_1), f\in D(A_1). \tag{6.18}$$

结合定义（6.17）可得

$$\begin{cases} f''(x)+\mu f(x)=\lambda_1 f(x), \\ f'(0)=0, \\ f'(1)=0. \end{cases} \tag{6.19}$$

设系统（6.19）的一般解为

$$f(x)=a_1 e^{\tilde{\lambda}_1 x}+a_2 e^{-\tilde{\lambda}_1 x}, \tilde{\lambda}_1^2=\lambda_1, \quad \forall \tilde{\lambda}_1 \in \sigma(A_1), \tag{6.20}$$

其中 a_1 和 a_2 是复常数。将（6.20）代入系统（6.19）的边界条件可得

$$\begin{cases} \tilde{\lambda}_1 a_1-\tilde{\lambda}_1 a_2=0, \\ \tilde{\lambda}_1 e^{\tilde{\lambda}_1} a_1-\tilde{\lambda}_1 e^{-\tilde{\lambda}_1} a_2=0. \end{cases} \tag{6.21}$$

那么（6.21）有非零解当且仅当特征行列式 $\det(\Delta(\tilde{\lambda}_1))=0$，其中

$$\Delta(\tilde{\lambda}_1)=\begin{pmatrix} \tilde{\lambda}_1 & -\tilde{\lambda}_1 \\ \tilde{\lambda}_1 e^{\tilde{\lambda}_1} & -\tilde{\lambda}_1 e^{-\tilde{\lambda}_1} \end{pmatrix}, \tilde{\lambda}_1^2=\lambda_1. \tag{6.22}$$

通过简单计算可得

$$\det(\Delta(\tilde{\lambda}_1))=2\tilde{\lambda}_1^2 \sinh \tilde{\lambda}_1, \quad \forall \tilde{\lambda}_1 \in \sigma(A_1). \tag{6.23}$$

因此，特征方程为

$$\tilde{\lambda}_1^2 \sinh \tilde{\lambda}_1=0, \quad \forall \tilde{\lambda}_1 \in \sigma(A_1). \tag{6.24}$$

由于系统（6.16）指数稳定，从（6.2）可得

$$\tilde{\lambda}_0^2 \sinh \tilde{\lambda}_0 \neq 0, \quad \forall \tilde{\lambda}_0 \in \sigma(A). \tag{6.25}$$

（6.25）意味着 $f(A)$ 的所有特征值非零，$f(A)$ 可逆。

接下来将给出定理 6.2 的证明过程。

证明 通过引理 6.3 可得矩阵 $\tilde{A}\sinh\tilde{A}$ 可逆。因此，由（6.8）定义的 γ 有意义。由于 (A, B) 可控且 $\tilde{A}\sinh\tilde{A}$ 可逆，根据（6.9）可知 $(A, \gamma(1))$ 可控[63]。因此，存在矩阵 $K\in\mathbb{R}^n$ 使得矩阵 $A+\gamma(1)K$ 是 Hurwitz 阵。

由于变换（6.3）的可逆性，只需要证明变换后的系统（6.11）的适定性和指数稳定性即可。定义算子 A_2：$D(A_2)\subset\mathcal{H}\to\mathcal{H}$

$$\begin{cases} A_2(f, g) = ((A+\gamma(1)K)f, g''), \quad \forall (f, g) \in D(A_2), \\ D(A_2) = \{(f, g) \in \mathbb{R}^n \times H^2(0, 1) \ g'(0) = 0, g'(1) = Kf\}. \end{cases} \tag{6.26}$$

由于系统（6.11）是由稳定的有限维系统和指数稳定系统构成的级联系统，那么根据文献[80, Lemma 5.1] 可得算子 A_2 在 $\mathcal{H}$ 上生成指数稳定的 C_0-半群。也就是说，对任意的 $(X_w(0), w(\cdot, 0))\in\mathcal{H}$，系统（6.11）存在唯一解 $(X_w, w)\in C([0, \infty); \mathcal{H})$ 使得

$$e^{wt}\|(X_w(t), w(\cdot, t))\|_{\mathcal{H}}\to 0, \quad t\to\infty, \tag{6.27}$$

其中 w 是正常数。

6.4　本章小结

本章主要研究带有反应扩散执行动态的 ODE 系统的镇定问题。设计控制器时，采用执行动态补偿方法将级联系统解耦。动态补偿方法得到的核函数是常

微分方程而不是传统 backstepping 方法得到的偏微分方程。常微分方程系统比偏微分方程系统更易求得解析解。另外，系统解耦意味着闭环系统的稳定性分析不再需要构造复杂的 Lyapunov 函数。这样证明闭环系统的指数稳定性会更容易。

第 7 章
总结与展望

7.1　总结

本书以“带干扰和时滞的一维热方程的性能输出跟踪与反馈镇定”为研究课题。首先考虑三种带有外部干扰和输入时滞的热方程的输出跟踪问题。接着讨论带有干扰的 ODE-热级联系统的输出反馈镇定问题。最后研究 ODE 系统与反应扩散方程系统构成的级联系统的镇定问题。

文中第 2 章解决带有外部干扰和输入时滞的一维热方程的输出跟踪问题，其中干扰是由有限维外系统生成的。首先将输入时滞动态表示成一阶双曲方程的形式，这样带有输入时滞的热方程就变成 PDE-PDE 级联系统。然后基于内模原理和 backstepping 方法设计反馈控制器使得闭环系统的输出指数跟踪到参考信号。接着设计基于误差的观测器，观测器成功估计系统的状态和干扰，使得闭环系统实现输出跟踪。本章的突出亮点是使用 backstepping 变换时，运用算子形式完成控制器的设计。

在第 2 章的基础上，文章第 3、第 4 章分别研究具有边界不稳定项和内部不稳定源的热方程的输出跟踪问题。类似于第 2 章中的问题，第 3、第 4 章所研究的问题中都含有外部干扰和输入时滞。与第 2 章不同的是，不稳定条件的出现使得问题变得更加困难，在设计控制器和观测器时需要用到更多的数学技巧与控制知识。在第 3 章和第 4 章中，设计基于误差的观测器估计系统的状态和干扰，设计控制器达到输出指数跟踪参考信号的目的。

本书第 2、3、4 章中讨论的问题可以看作是 PDE-PDE 级联系统的控制问题，所带的干扰是由有限维外系统生成的。接着在第 5 章研究带有一般干扰的 ODE-PDE 级联系统，与前三章相比，第 5 章中的干扰是一般干扰，干扰的所有信息都是未知的，这给干扰估计带来一定的困难。第 5 章中首先设计带有未知输入的状态观测器，这个状态观测器中包含干扰估计器，因此这个观测器在抵消干扰的同时稳定原系统。接着利用执行动态补偿方法设计控制器使得闭环系统达到输出反馈镇定的目的。这一章中的突出亮点是设计干扰估计器时没有使用高增益，并且简化现有结果中的设计步骤。

最后在第 6 章中研究 ODE-热级联系统的镇定问题。这一章运用执行动态补偿方法设计控制器，并达到指数镇定原级联系统的目的。这一章用到的设计方法与现有的 backstepping 方法是大不相同的，打破级联系统稳定性证明需要构造 Lyapunov 函数的局面，使得稳定性的证明更简便。在处理 ODE-PDE 级联系统的镇定问题时，传统的 backstepping 方法所做的变换是针对 PDE 系统进行变换，得到的核函数也是 PDE，众所周知 PDE 是很难求解的。本章运用执行动态补偿方法的一大优点就是所做的变换是针对 ODE 系统进行的，得到的核函数是 ODE 系统，并且 ODE 系统的解总是能解析表示出来。

7.2 展望

本书中所研究的带干扰和时滞的级联系统的输出跟踪和镇定问题，是分布参数系统控制中的经典问题，本书对这类问题进行初步的探索，虽然取得一定的成果，但是这类问题仍有很大的研究空间。在未来的工作中，主要将从以下几个方面进行研究。

1. 在控制问题中，一般认为时滞分为输入时滞、输出时滞和状态时滞。本文第 2、3、4 章中研究带有输入时滞的热方程的输出跟踪问题，今后计划继续研究带有输出时滞或状态时滞的偏微分方程的输出跟踪问题。

2. 在输出跟踪问题中，干扰一般是由外系统生成的。本书第 2、3、4 章中生成干扰的外系统都是时不变外系统，如果外系统是时变外系统，那么带有输入时滞的热方程的输出跟踪问题如何解决？这也是未来值得研究的问题。

3. 本书讨论的都是一维热方程的级联系统，高维方程的级联系统会是什么情况，也非常值得去讨论，留作以后的工作。

参考文献

[1] WIENER N. Cybernetics: Or control and communication in the animal and the machine [J]. The Technilogy Press, 1948.

[2] TSIEN H S. Enginering cybernetics [M]. NY New York: McGraw -Hill Book Company, 1954.

[3] WANG P, TUNG F. Optimum control of distributed parameter systems [J]. Journal of Basic Engineering, 1964, 86 (1): 67.

[4] BUTKOVSKY A G, EGOROV A I, LURIE K A. Optimal control of distributed systems (a survey of Soviet publications) [J]. SIAM Journal on Control, 1968, 6 (3): 437-476.

[5] RUSSELL D L. Controllability and stabilizability theory for linear partial differential equations: recent progress and open questions [J]. Siam Review, 1978, 20 (4): 639-739.

[6] DOLECKI S, RUSSELL L. A general theory of observation and control [J]. SIAM Journal on Control and Optimization, 1977, 15 (2): 185-220.

[7] 钱学森，宋健．工程控制论 [M]. 科学出版社，1983.

[8] 宋健，于景元，李广元．人口发展过程的预测 [J]. 中国科学，1980 (9): 102-114.

[9] 王康宁，关肇直．弹性振动的镇定问题 [J]. 中国科学：数学，1974，19 (4): 133-148.

[10] 郭宝珠．分布参数系统控制：问题、方法和进展 [J]. 系统科学与数学，2012，32 (12): 1526-1541.

[11] 武晓辉．非同位配置下无穷维系统的动态补偿 [D]. 太原：山西大学.

[12] FOURIER J B J. Analytic theory of heat [M]. Reprint of the 1822 ed.

[13] DIAGNE M, BEKIARIS-LIBERIS N, KRSTIC M, et al. Compensation of input delay that depends on delayed input [C]. American Control Conference. IEEE, 2017.

[14] BRESCH-PIETRI D, KRSTIC M. Adaptive trajectory tracking despite unknown input delay and plant parameters [J] Automatica, 2009, 45 (9): 2074-2081.

[15] BOUSSAADA I, MOUNIER H, NICULESCU S I, et al. Analysis of drilling vibrations: A time-delay system approach [C]. Control & Automation (MED), 2012 20th Mediterranean Conference on. IEEE, 2012.

[16] GUMOWSKI I, MIRA C, PEARSON A E. Optimization in control theory and practice [J]. Journal of Applied Mechanics, 1969, 36 (2) .

[17] SMITH O. A controller to overcome dead time [J]. ISA Transactions, 1959, 6 (2): 28-33.

[18] ZHONG Q C. Robust control of time-delay systems [J]. Springer Berlin, 2006, 40 (5): 760-765.

[19] FLEMING W H C. Future directions in control theory: A mathematical perspective. 1988.

[20] LOGEMANN H, REBARBER R, WEISS G. Conditions for robustness and nonrobustness of the stability of feedback systems with respect to small delays in the feedback loop [J]. SIAM Journal on Control and Optimization, 1996 (34): 572-600.

[21] DATKO R, LAGNESE J, POLIS M P. An Example on the effect of time delays in boundary feedback stabilization of wave equations [J]. SIAM Journal on Control & Optimization, 1985, 24 (1) .

[22] KRSTIC M, SMYSHLYAEV A. Backstepping boundary control for first order hyperbolic PDEs and application to systems with actuator and sensor delays [J]. Systems & Control Letters, 2008, 57 (9): 750-758.

[23] KRSTIC M. Control of an unstable reaction-ifusion PDE with long input delay

[J]. Systems & Control Letters, 2009, 58 (10-11): 773-782.

[24] QI J, KRSTIC M, WANG S. Stabilization of reaction-diffusions PDE with delayed distributed actuation [J]. Systems & Control Letters, 2019 (133): 104558.

[25] GUO B Z, YANG K Y. Dynamic stabilization of an Euler-Bernoulli beam equation with time delay in boundary observation [J]. Automatica, 2009, 45 (6): 1468-1475.

[26] GUO B Z, XU C Z, HAMMOURI H. Output feedback stabilization of a one dimensional wave equation with an arbitrary time delay in boundary observation [J]. Esaim Control Optimisation & Calculus of Variations, 2012, 18 (1): 22-35.

[27] LHACHEMI H, PRIEUR C. Feedback stabilization of a class of diagonal infinitedimensional systems with delay boundary control [J]. IEEE Transactions on Automatic Control, 2020, 66 (1): 105-120.

[28] XU G Q, YUNG S P, LI L K. Stabilization of wave systems with input delay in the boundary control [J]. Esaim Control Optimisation & Calculus of Variations, 2006 (12): 770-785.

[29] 邱吉宝，张正平，李海波．航天器与运载火箭耦合分析相关技术研究进展[J]．力学进展，2012，42 (4)：21.

[30] 黄泽好．摩托车人-机刚柔耦合系统动态特性研究 [D]．重庆：重庆大学，2006.

[31] 杨旦旦．微重力液体晃动及充液柔性航天器姿态动力学与控制研究 [D]．北京，北京理工大学学报，2012，37-55.

[32] 毛利军，雷晓燕．车辆-轨道耦合系统随机振动分析 [J]．华东交通大学学报，2001，18 (2)：8.

[33] SUSTO G A, KRSTIC M. Control of PDE-ODE cascades with Neumann interconnections [J]. Journal of the Franklin Institute, 2010, 347 (1): 284-314.

[34] REN B B, WANG J M, KRSTIC M. Stabilization of an ODE -Schrödiger cas-

cade [J]. *Systems & Control Letters*, 2013 (62): 503-510.

[35] WU H N, ZHU H Y, WANG J W. H_∞ Fuzzy control for a class of nonlinear coupled ODE-PDE systems with input constraint [J]. IEEE Transactions on Fuzzy Systems, 2014, 23 (3): 593-604.

[36] FENG H, WU X H, GUO B Z. Actuator dynamics compensation in stabilization of abstract linear systems [J]. arXiv preprint arXiv: 2008. 11333, 2020.

[37] ARTSTEIN Z. Linear systems with delayed controls: A reduction [J]. IEEE Transactions on Automatic Control, 1982, 27 (4): 869-879.

[38] MANITIUS A, OLBROT A. Finite spectrum assignment problem for systemns with delays [J]. IEEE Transactions on Automatic Control, 1979, 24 (4): 541-552.

[39] KRSTIC M. Compensating actuator and sensor dynamics governed by diffusion PDEs [J]. Systems & Control Letters, 2009, 58 (5): 372-377.

[40] TANG S, XIE C. State and output feedback boundary control for a coupled PDE-ODE system [J]. Systems & Control Letters, 2011, 60 (8): 540-545.

[41] WANG J M, LIU J J, REN B, et al. Sliding mode control to stabilization of cascaded heat PDE-ODE systems subject to boundary control matched disturbance [J]. Automatica, 2015 (52): 23-34.

[42] KRSTIC M. Compensating a string PDE in the actuation or sensing path of an unstable ODE [J]. IEEE Transactions on Automatic Control, 2009, 54 (6): 1362-1368.

[43] 冯红银萍, 王丽. 线性系统执行动态和观测动态补偿 [J]. 山西大学学报 (自然科学版), 2022, 45 (3): 1-23.

[44] KRSTIC M, SMYSHLYAEV A. Boundary control of PDEs: A course on backstepping designs [M]. Philadelphia, SIAM, 2008.

[45] WU X H, FENG H. Exponential stabilization of an ODE system with Euler-Bernoulli beam actuator dynamics [J]. Science China Information Sciences, 2022, 65 (5): 1-2.

[46] FRANCIS B A, WONHAM W M. The internal model principle for linear multi-variable regulators [J]. Applied Mathematics and Optimization, 1975, 2 (2): 170-194.

[47] FRANCIS B A, WONHAM W M. The internal model principle of control theory [J]. Automatica, 1976, 12 (5): 457-465.

[48] HUANG J. Nonlinear output regulation theory and application [M]. Philadelphia, PA: SIAM, 2004.

[49] DEUTSCHER J. A backstepping approach to the output regulation of boundary controlled parabolic PDEs [J]. Automatica, 2015 (57): 56-64.

[50] PAUNONEN L, POHJOLAINEN S. Internal model theory for distributed parameter systems [J]. SIAM Journal on Control and Optimization, 2010, 48 (7): 4753-4775.

[51] PAUNONEN L, POHJOLAINEN S. The internal model principle for systems with unbounded control and observation [J]. SIAM Journal on Control and Optimization, 2014, 52 (6): 3967-4000.

[52] PAUNONEN L. Robust controllers for regular linear systems with infinitedimensional exosystems [J]. SIAM Journal on Control and Optimization, 2017, 55 (3): 1567-1597.

[53] NATARAJAN V, GILLIAM D S, WEISS G. The state feedback regulator problem for regular linear systems [J]. IEEE Transactions on Automatic Control, 2014, 59 (10): 2708-2723.

[54] GUO B Z, JIN F F. The active disturbance rejection and sliding mode control approach to the stabilization of the Euler-Bernoulli beam equation with boundary input disturbance [J]. Automatica, 2013, 49 (9): 2911-2918.

[55] GUO B Z, JIN F F. Sliding mode and active disturbance rejection control to stabilization of one -dimensional anti -stable wave equations subject to disturbance in boundary input [J]. IEEE Transactions on Automatic Control, 2012, 58 (5): 1269-1274.

[56] GUO B Z, ZHOU H C, AL-FHAID A S, et al. Stabilization of Euler-Bernoulli beam equation with boundary moment control and disturbance by active disturbance rejection control and sliding mode control approaches [J]. Journal of Dynamical and Control Systems, 2014, 20 (4): 539-558.

[57] GUO B Z, ZHOU H C. The active disturbance rejection control to stabilization for multi-dimensional wave equation with boundary control matched disturbance [J]. IEEE Transactions on Automatic Control, 2014, 60 (1): 143-157.

[58] JIN F F, GUO B Z. Boundary output tracking for an Euler-Bernoulli beam equation with unmatched perturbations from a known exosystem [J]. Automnatica, 2019 (109): 108507.

[59] FENG H, GUO B Z. Active disturbance rejection control: Old and new results [J]. Annual Reviews in Control, 2017 (44): 238-248.

[60] GUO BZ, LIUJ J, AL-FHAID A S, et al. The active disturbance rejection control approach to stabilisation of coupled heat and ODE system subject to boundary control matched disturbance [J]. International Journal of Control, 2015, 88 (8): 1554-1564.

[61] ZHOU H C, GUO B Z, WU Z H. Output feedback stabilisation for a cascaded wave PDE-ODE system subject to boundary control matched disturbance [J]. International Journal of Control, 2016, 89 (12): 2396-2405.

[62] ZHOU H C, GUO B Z. Stabilization of ODE with hyperbolic equation actuator subject to boundary control matched disturbance [J]. International Journal of Control, 2019, 92 (1): 12-26.

[63] FENG H, GUO B Z, WU X H. Trajectory planning approach to output tracking for a 1-D wave equation [J]. IEEE Transactions on Automatic Control, 2019, 65 (5): 1841-1854.

[64] FENG H, GUO B Z. New unknown input observer and output feedback stabilization for uncertain heat equation [J]. Automatica, 2017 (86): 1-10.

[65] ZHOU H C, GUO B Z. Unknown input observer design and output feedback stabili-

zation for multi-dimensional wave equation with boundary control matched uncertainty [J]. Journal of Differential Equations, 2017, 263 (4): 2213-2246.

[66] ZHOU H C, FENG H. Disturbance estimator based output feedback exponential stabilization for Euler-Bernoulli beam equation with boundary control [J]. Automatica, 2018 (91): 79-88.

[67] ZHOU H C, WEISS G. Output feedback exponential stabilization for onedimensional unstable wave equations with boundary control matched disturbance [J]. SIAM Journal on Control and Optimization, 2018, 56 (6): 4098-4129.

[68] ZHOU H C, FENG H. Stabilization for Euler-Bernoulli beam equation with boundary moment control and disturbance via a new distur bance estimator [J]. Journal of Dynamical and Control Systems, 2021, 27 (2): 247-259.

[69] CHRISTOFIDES P D. Nonlinear and robust control of PDE systems: Methods and applications to transport-reaction processes [M]. Birkhiuser Boston, 2001.

[70] KRSTIC M. Delay Compensation for nonlinear, adaptive, and PDE systems [M]. Birkhäuser Boston, 2009.

[71] GUO B Z, MENG T. Robust error based non-collocated output tracking control for a heat equation [J]. Automatica, 2020 (114): 108818.

[72] WANG L, FENG H. Performance output tracking for a one-dimensional unstable heat equation with input delay [J]. IMA Journal of Mathematical Control and Information, 2022, 39 (1): 254-274.

[73] WANG L. Performance output tracking for a one-dimensional heat equation with input delay [J]. Journal of Mathematical Analysis and Applications, 2022: 125986.

[74] WANG L, FENG H, WU J Q. Output feedback exponential stabilization of an ODE system with heat actuator dynamic subject to boundary control matched disturbance [J]. Asian Journal of Control, to appear.

[75] WANG L, Exponential stabilization of an ODE system with heat actuator dynamic [J]. The 37th Youth Academic Annual Conference of Chinese Associa-

tion of Automation, to appear.
[76] PAZY A. Semigroups of linear operators and applications to partial diferential equations [M]. Berlin: Springer-Verlag, 1983.
[77] LUO Z H, GUO B Z, MORGUL O. Stability and stabilization of infinite dimensional systems with applications [M]. London: Springer, 1999.
[78] 郭宝珠，柴树根. 无穷维线性系统控制理论 [M]. 北京：科学出版社，2012.
[79] 魏静. 无穷维系统的输出调节和扰动抑制 [D]. 山西：山西大学.
[80] TUCSNAK M, WEISS G. Observation and control for operator semigroups [M]. Basel: Birkhauser, 2009.
[81] 张恭庆，林源渠. 泛函分析讲义 [M]. 北京：北京大学出版社，2003.
[82] WEISS G. Regular linear systems with feedback [J]. Mathematics of Control, Signals and Systems, 1994, 7 (1): 23-57.
[83] HIGHAM N J. Functions of matrices theory and computation [M]. SIAM: Philadelphia, 2008.
[84] CORON J M, TRELAT E. Global steady-state controllability of one -dimnensional semilinear heat equations [J]. SIAM Journal on Control and Optimization, 2004, 43 (2): 549-569.
[85] PRIEUR C, TRÉLAT E. Feedback stabilization of a 1-D linear reactiondiffusion equation with delay boundary control [J]. IEEE Transactions on Automatic Control, 2018, 64 (4): 1415-1425.
[86] LHACHEMI H, PRIEUR C, TRÉLAT E. PI regulation of a reaction-diffusion equation with delayed boundary control [J]. IEEE Transactions on Automatic Control, 2020, 66 (4): 1573-1587.
[87] ZHOU H C, GUO W. Performance output tracking and disturbance rejection for an Euler -Bernoulli beam equation with unmatched boundary disturbance [J]. Journal of Mathematical Analysis and Applications, 2019, 470 (2): 1222-1237.
[88] PAUNONEN L. Controller design for robust output regulation of regular linear systems [J]. IEEE Transactions on Automatic Control, 2015, 61 (10):

2974-2986.

[89] GUO W, SHAO Z C, KRSTIC M. Adaptive rejection of harmonic disturbance anticollocated with control in 1D wave equation [J]. Automatica, 2017, 79: 17-26.

[90] GUO W, ZHOU H, KRSTIC M. Adaptive error feedback regulation problem for 1D wave equation [J]. International Journal of Robust and Nonlinear Control, 2018, 28 (15): 4309-4329.

[91] GUO W, GUO B Z. Parameter estimation and stabilisation for a one-dimensional wave equation with boundary output constant disturbance and non-collocated control [J]. International Journal of Control, 2011, 84 (2): 381-395.

[92] SMYSHLYAEV A, KRSTIC M. Closed-form boundary state feedbacks for a class of 1-D partial integro-differential equations [J]. IEEE Transactions on Automatic Control, 2004, 49 (12): 2185-2202.

[93] WEISS G, CURTAIN R F. Dynamic stabilization of regular linear systems [J]. IEEE Transactions on Automatic Control, 1997, 42 (1):4-21.

[94] JIN F F, GUO B Z. Performance boundary output tracking for one-dimensional heat equation with boundary unmatched disturbance [J]. Automatica, 2018 (96): 1-10.

[95] DATKO R. Not all feedback stabilized hyperbolic systems are robust with respect to small time delays in their feedbacks [J]. SIAM Journal on Control and Optimization, 1988, 26 (3): 697-713.

[96] AHMED-ALI T, GIRI F, KRSTIC M, et al. PDE based observer design for nonlinear systems with large output delay [J]. Systems & Control Letters, 2018 (113): 1-8.

[97] GUO B Z, MEI Z D. Output feedback stabilization for a class of first-order equation setting of collocated well-posed linear systems with time delay in observation [J]. IEEE Transactions on Automatic Control, 2019, 65 (6): 2612-2618.

[98] MEI Z D, GUO B Z. Stabilization for infinite-dimensional linear systems with bounded control and time delayed observation [J]. Systerms & Control Letters, 2019 (134): 104532.

[99] WANG J M, CU J J. Output regulation of a reaction-diffusion PDE with long time delay using backsteping appproach [J]. IFAC-PapersOnLine, 2017, 50 (1): 651-656.

[100] MEI Z D. Disturbane estimator and servomechanism based perormane outpurt tracking for a 1-d Euler-Bernoulli beam equation [J] Automatica, 2020 (116): 108925.

[101] ZHOU H C, GUO B Z. Performance output tracking for one-dimensional wave. equation subject to unmatched general disturbance and non-collocated control [J]. European Journal of Control, 2018 (39): 39-52.

[102] DAVISON E J. The robust control of a servomechanism problem for linear time-invariant multivariable systems [J]. IEEE Transactions on Automatic Control, 1976, 21 (1): 25-34.

[103] DESOER C A, LIN C A. Tracking and disturbance rejection of MIMO nonlinear systems with PI controller [J]. IEEE Transactions on Automatic Control, 1985, 30 (9): 861-867.

[104] DEUTSCHER J. Output regulation for linear distributed-parameter systems using finite-dimensional dual observers [J]. Automatica, 2011, 47 (11): 2468-2473.

[105] WU X H, FENG H. Output tracking for a 1-D heat equation with non-collocated configurations [J]. Journal of the Franklin Institute, 2020, 357 (6): 3299-3315.

[106] SMYSHLYAEV A, KRSTIC M. Backstepping observers for a class of parabolic PDEs [J]. Systems & Control Letters, 2005, 54 (7): 613-625.

[107] WEISS G. Admissibility of unbounded control operators [J]. SIAM Journal on Control and Optimization, 1989, 27 (3): 527-545.

[108] BEKIARIS-LIBERIS N, KRSTIC M. Compensating the distributed efect of diffusion and counter-convection in multi-input and multi-output LTI systems [J]. IEEE Transactions on Automatic Control, 2010, 56 (3): 637-643.

[109] YUAN Y, SHEN Z, LIAO F. Stabilization of coupled ODE-PDE system with intermediate point and spatially varying effects interconnection [J]. Asian Journal of Control, 2017, 19 (3): 1060-1074.

[110] ZHEN Z, TANG S X, ZHOU Z. Stabilization of a heat-ODE system cascaded at a boundary point and an intermediate point [J]. Asian Journal of Control, 2017, 19 (5): 1834-1843.

[111] JIA Y N, LIU J J, LI S J. Output feedback stabilization for a cascaded heat PDE-ODE system subject to uncertain disturbance [J]. International Journal of Robust and Nonlinear Control, 2018, 28 (16): 5173-5190.

[112] BEKIARIS-LIBERIS N, KRSTIC M. Compensating the distributed effect of a wave PDE in the actuation or sensing path of MIMO LTI systems [J]. Systems & Control Letters, 2010, 59 (11): 713-719.

[113] BEKIARIS-LIBERIS N, KRSTIC M. Compensation of wave actuator dynamics for nonlinear systems [J]. IEEE Transactions on Automatic Control, 2014, 59 (6): 1555-1570.

[114] THAN A A, WANG J M. Output feedback stabilization of cascaded ODE-Wave equations with time delay in observation [J]. Asian Journal of Control, 2021, 23 (1): 449-462.

[115] JIN F F, GUO B Z. Lyapunov approach to output feedback stabilization for the Euler-Bernoulli beam equation with boundary input disturbance [J]. Automatica, 2015 (52): 95-102.

[116] FENG H, GUO B Z. A new active disturbance rejection control to output feedback stabilization for a one-dimensional anti-stable wave equation with disturbance [J]. IEEE Transactions on Automatic Control, 2016, 62 (8): 3774-3787.

[117] WEN R L, FENG H. Performance output tracking for cascaded heat partial diferential equation - ordinary differential equation systems subject to unmatched disturbance [J]. International Journal of Robust and Nonlinear Control, 2021, 31 (7): 2652-2673.